드릴 만점 계산력 수학

23476985
07256627
34386865

2 단계

드릴 만점 계산력 수학

"와! 천재가 되다니……"

엄마: 수재야 ～～～ 시험 점수가 왜 이러니?
수재: 아앙 ～～～～～ 고요, 시간이 정해져 있으니까 초조해서 알던 문제도 못 풀겠던걸요!

우리는 종종 이런 대화를 듣곤 합니다. 이런 학생들은 문제를 푸는 계산 속도가 느리거나 아는 내용도 집중력 부족으로 풀이 과정에서 실수를 범하는 경우가 대부분입니다. 즉, 계산력에 문제가 있기 때문이지요. 그러면 계산력을 향상시키고, 집중력을 강화시키기 위해서는 어떤 방법이 필요할까요? 무엇보다도 문제와 친해져야 합니다. 그러기 위해서는 같은 유형의 문제를 반복해서 풀어 보는 방법이 제일이지요.

이런 학습을 가능하게 해 주는 것이 바로 '드릴 만점 계산력 수학'입니다.

'드릴 만점 계산력 수학'은 같은 유형의 문제를 짧은 시간 내에, 집중적으로 풀게 함으로써 기초 실력을 탄탄하게 하고 숙련도를 높여 수학에 대한 자신감을 길러 줍니다.

이렇게 형성된 기초 실력과 자신감은 훗날 대학 입학 시험에서 높은 점수를 얻을 수 있는 반석(盤石)이 될 것입니다.

자, 그렇다면 '드릴 만점 계산력 수학'으로 학습하면 어떤 좋은 점이 있을까요?

1 수준에 맞는 단계별 학습 프로그램으로 이해력이 빨라지도록 합니다.
각 학년에서 배우게 될 내용보다 조금 쉬운 과정에서 출발하여 그 학년에서 반드시 익혀야 할 내용까지 학습 목표를 명확하게 제시하여 학습의 이해도를 높였습니다.

2 집중력을 키우고, 스스로 학습하는 습관을 길러 줍니다.
'표준 완성 시간'을 정해 놓고, 그 시간 안에 주어진 문제를 스스로 풀도록 함으로써 스스로 학습하는 습관을 길러 줍니다.

3 학습에 대한 성취감과 자신감을 길러 줍니다.
매회늘 표순 완성 시간 내에 풀게 함으로써 집중력을 키우고, 반복 학습을 통한 계산력 향상으로 문제에 대한 자신감과 성취감이 최고에 이르도록 하였습니다.

이와 같은 학습 효과를 얻을 수 있는 '드릴 만점 계산력 수학'으로 꾸준히 공부한다면 반드시 '계산의 천재'가 될 것입니다.

KB142938

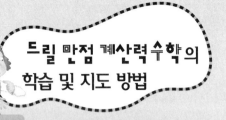

드릴 만점 계산력수학의 학습 및 지도 방법

1 우선, 진단 평가를 실시한다!

똑같은 문제를 풀더라도 그 결과가 모든 사람에게 좋을 수는 없습니다.
따라서, 학습자가 어떤 학습 목표에 취약점이 있는지 미리 파악해서 각자의 수준에 맞는 단계의 교재를 선택하게 하여 자신감을 갖고 스스로 문제를 풀 수 있도록 해 주는 것이 무엇보다 중요합니다.
'드릴 만점 계산력수학'은 아이들에게 성취감과 자신감을 주기 위해 조금 낮은 단계의 교재부터 시작해도 절대로 본 학습 진도에 뒤쳐지지 않도록 엮었습니다.

2 집중력을 가지고, 매회를 10분 내에 학습한다!

오랜 시간 동안 문제를 푼다고 해서 계산력이 향상되지는 않습니다. 따라서, '표준 완성 시간'을 정하여 정해진 짧은 시간 안에 문제를 풀 수 있도록 훈련합니다. 그러나 처음부터 '표준 완성 시간' 안에 풀어야 한다는 부담을 갖게 되면 흥미를 잃게 되므로 점차적으로 학습 습관이 형성되도록 하여 '표준 완성 시간' 안에 문제를 풀 수 있도록 지도합니다.

3 만점이 될 때까지 반복 학습을 한다!

문제를 풀다 보면 오답이 나올 수도 있습니다. 오답이 나온 경우, 틀린 문항을 반복하여 스스로 풀게 함으로써 반드시 만점을 맞도록 지도합니다.
이 같은 지도는 학생들의 문제 해결력에 대한 자신감을 길러 주어 학습 의욕을 불러 일으킵니다.

4 문제 푸는 과정을 중요시한다!

문제에 대한 답이 맞고 틀린 것만을 체크하지 말고, 문제 푸는 과정을 정확하게 서술했는지 확인합니다. 이 같은 지도는 서술형 문제를 해결하기 위한 기초 준비 학습입니다.

5 총괄 평가를 실시한다!

각 단계 학습이 끝난 후에 배운 내용을 종합적으로 총정리하고, 스스로 평가하는 과정입니다. 미흡한 부분은 다시 한 번 점검하여 100% 풀 수 있도록 숙달한 후에 다음 단계로 넘어가야 상위 단계의 학습 진행에 무리가 없습니다.

6 칭찬과 격려를 아끼지 않는다!

'칭찬은 고래도 춤추게 한다'라는 말이 있습니다. 학습 지도에 있어서 가장 중요한 일이 부모님의 칭찬과 격려입니다. '부모 확인란'을 활용하여 부모님이 지속적인 관심을 갖고 꾸준히 지도하신다면 자녀들의 계산력이 눈에 띄게 향상될 것입니다.

차 례
2단계

◉ 덧셈 복습
  – 합이 18까지인 덧셈 ······································ 3~5

◉ 빈 칸 채우기 1
  – 100칸까지의 덧셈 ······································ 6~10

◉ 세로셈 계산
  – 가로셈을 세로셈으로 고쳐 계산하기 ······················ 11

◉ 받아올림이 없(있)는 덧셈
  – 받아올림이 없(있)는 (두(한) 자리 수)+(한(두) 자리 수) ······ 12~25

◉ 뺄셈 복습
  – 18까지의 수에서 빼기 ······························ 26~28

◉ 빈 칸 채우기 2
  – 100칸까지의 뺄셈 ······································ 29~33

◉ 받아내림이 없(있)는 뺄셈
  – 받아내림이 없(있)는 (두(세) 자리 수)-(한(두) 자리 수) ······ 34~47

◉ 큰 수의 이해
  – 10000까지의 수의 이해 ······························ 48

◉ 덧셈과 뺄셈
  – 세 자리 수의 덧셈과 뺄셈 ··························· 49~52

◉ 계산의 순서
  – ( )가 없(있)는 세 수의 덧셈과 뺄셈의 혼합 계산 ······ 53~56

◉ 곱셈구구
  – 0~9의 단 곱셈구구 ······························ 57~81

◉ 빈 칸 채우기 3
  – 100칸까지의 곱셈구구 ······························ 82~88

표준 완성 시간 4~5분

부모 확인란

평가	😊	🙂	😐	😫
오답수	아주 잘함 : 0~2	잘함 : 3~4	보통 : 5~6	노력 바람 : 7~

1. 덧셈을 하시오.

(1) $2+3=\boxed{5}$

(2) $8+1=\boxed{}$

(3) $2+2=\boxed{}$

(4) $4+3=\boxed{}$

(5) $7+1=\boxed{}$

(6) $5+2=\boxed{}$

(7) $6+2=\boxed{}$

(8) $3+1=\boxed{}$

(9) $3+4=\boxed{}$

(10) $3+2=\boxed{}$

(11) $3+5=\boxed{}$

(12) $5+3=\boxed{}$

(13) $5+4=\boxed{}$

(14) $2+6=\boxed{}$

(15) $1+5=\boxed{}$

(16) $1+7=\boxed{}$

(17) $4+4=\boxed{}$

(18) $1+3=\boxed{}$

(19) $4+5=\boxed{}$

(20) $7+2=\boxed{}$

2. 덧셈을 하시오.

(1) $9+1=\boxed{}$

(2) $2+4=\boxed{}$

(3) $5+5=\boxed{}$

(4) $4+6=\boxed{}$

(5) $1+6=\boxed{}$

(6) $5+1=\boxed{}$

(7) $8+2=\boxed{}$

(8) $1+8=\boxed{}$

(9) $7+3=\boxed{}$

(10) $3+3=\boxed{}$

(11) $4+1=\boxed{}$

(12) $3+6=\boxed{}$

(13) $6+4=\boxed{}$

(14) $3+7=\boxed{}$

(15) $6+1=\boxed{}$

(16) $4+2=\boxed{}$

(17) $1+9=\boxed{}$

(18) $2+7=\boxed{}$

(19) $6+3=\boxed{}$

(20) $2+8=\boxed{}$

1. 덧셈을 하시오.

(1) $4+9=\boxed{13}$

(2) $7+4=\boxed{}$

(3) $9+3=\boxed{}$

(4) $5+9=\boxed{}$

(5) $5+6=\boxed{}$

(6) $7+8=\boxed{}$

(7) $8+4=\boxed{}$

(8) $8+7=\boxed{}$

(9) $8+9=\boxed{}$

(10) $4+7=\boxed{}$

(11) $6+6=\boxed{}$

(12) $7+7=\boxed{}$

(13) $9+5=\boxed{}$

(14) $8+8=\boxed{}$

(15) $3+9=\boxed{}$

(16) $7+6=\boxed{}$

(17) $7+5=\boxed{}$

(18) $9+8=\boxed{}$

(19) $6+8=\boxed{}$

(20) $9+6=\boxed{}$

2. 덧셈을 하시오.

(1) $9+4=\boxed{}$

(2) $3+7=\boxed{}$

(3) $1+9=\boxed{}$

(4) $8+6=\boxed{}$

(5) $3+8=\boxed{}$

(6) $5+7=\boxed{}$

(7) $8+5=\boxed{}$

(8) $9+7=\boxed{}$

(9) $9+2=\boxed{}$

(10) $8+3=\boxed{}$

(11) $4+8=\boxed{}$

(12) $7+9=\boxed{}$

(13) $6+7=\boxed{}$

(14) $2+9=\boxed{}$

(15) $6+5=\boxed{}$

(16) $6+9=\boxed{}$

(17) $8+2=\boxed{}$

(18) $5+8=\boxed{}$

(19) $4+6=\boxed{}$

(20) $9+9=\boxed{}$

1. 덧셈을 하시오.

(1) $9+6=\boxed{15}$　　(2) $8+4=\boxed{}$

(3) $5+6=\boxed{}$　　(4) $6+3=\boxed{}$

(5) $7+4=\boxed{}$　　(6) $8+6=\boxed{}$

(7) $3+9=\boxed{}$　　(8) $9+5=\boxed{}$

(9) $6+4=\boxed{}$　　(10) $5+7=\boxed{}$

(11) $9+3=\boxed{}$　　(12) $2+9=\boxed{}$

(13) $7+7=\boxed{}$　　(14) $4+8=\boxed{}$

(15) $5+5=\boxed{}$　　(16) $8+2=\boxed{}$

(17) $6+6=\boxed{}$　　(18) $1+9=\boxed{}$

(19) $6+8=\boxed{}$　　(20) $9+7=\boxed{}$

2. 덧셈을 하시오.

(1) $3+7=\boxed{}$　　(2) $7+3=\boxed{}$

(3) $7+5=\boxed{}$　　(4) $6+5=\boxed{}$

(5) $8+8=\boxed{}$　　(6) $9+8=\boxed{}$

(7) $8+3=\boxed{}$　　(8) $4+6=\boxed{}$

(9) $8+5=\boxed{}$　　(10) $6+9=\boxed{}$

(11) $7+6=\boxed{}$　　(12) $2+8=\boxed{}$

(13) $6+7=\boxed{}$　　(14) $9+4=\boxed{}$

(15) $8+7=\boxed{}$　　(16) $7+8=\boxed{}$

(17) $7+2=\boxed{}$　　(18) $5+8=\boxed{}$

(19) $9+9=\boxed{}$　　(20) $9+1=\boxed{}$

4회 빈칸 채우기 1   30칸 덧셈 (1)

◯ 월 ◯ 일 이름

평가	😊	🙂	😣	😫
오답수	아주 잘함 : 0~2	잘함 : 3~5	보통 : 6~8	노력 바람 : 9~

1. 두 수의 덧셈을 하여 빈 칸에 알맞은 수를 써 넣으시오.

(1)

+	2	7	0	5	1	6	9	4	3	8
5	12									
7										
3										

(2)

+	4	7	1	5	0	9	2	6	8	3
4										
1										
8										

(3)

+	6	1	8	4	2	7	9	0	3	5
2										
9										
6										

2. 두 수의 덧셈을 하여 빈 칸에 알맞은 수를 써 넣으시오.

(1)

+	3	0	9	7	1	4	6	2	8	5
4										
1										
9										

(2)

+	4	1	6	7	2	0	3	9	5	8
7										
2										
5										

(3)

+	8	0	2	9	5	7	1	3	6	4
3										
8										
6										

평가	😄	🙂	😕	😣
오답수	아주 잘함 : 0~2	잘함 : 3~5	보통 : 6~8	노력 바람 : 9~

부모 확인란

1. 두 수의 덧셈을 하여 빈 칸에 알맞은 수를 써 넣으시오.

(1)

+	4	2	9	0	6	8	1	5	7	3
7			16							
4										
2										

(2)

+	9	4	2	8	3	6	7	0	1	5
5										
1										
8										

(3)

+	1	3	7	5	0	8	4	2	9	6
3										
9										
6										

2. 두 수의 덧셈을 하여 빈 칸에 알맞은 수를 써 넣으시오.

(1)

+	9	4	1	6	0	5	7	2	8	3
7										
1										
5										

(2)

+	3	0	5	1	7	9	6	2	8	4
2										
8										
4										

(3)

+	8	1	7	4	0	6	3	5	9	2
6										
9										
3										

6회 빈칸 채우기 1   50칸 덧셈 (1)   ○월 ○일 이름

1. 두 수의 덧셈을 하여 빈 칸에 알맞은 수를 써 넣으시오.

(1)

+	2	5	8	3	0	6	1	7	9	4
4		9								
2										
0										
7										
8										

(2)

+	5	1	9	6	4	0	7	2	8	3
3										
5										
6										
1										
9										

2. 두 수의 덧셈을 하여 빈 칸에 알맞은 수를 써 넣으시오.

(1)

+	6	2	8	1	4	9	7	0	3	5
2										
9										
0										
7										
4										

(2)

+	3	7	2	6	1	8	5	0	9	4
3										
6										
8										
1										
5										

🌼 틀린 계산은 아래에 써서 다시 해 보시오.
___ + ___ = ___   ___ + ___ = ___

🌼 틀린 계산은 아래에 써서 다시 해 보시오.
___ + ___ = ___   ___ + ___ = ___

1. 두 수의 덧셈을 하여 빈 칸에 알맞은 수를 써 넣으시오.

(1)

+	5	2	0	1	7	3	9	6	4	8
6	8									
4										
0										
8										
2										

(2)

+	7	5	9	1	3	6	0	8	2	4
3										
5										
1										
7										
9										

2. 두 수의 덧셈을 하여 빈 칸에 알맞은 수를 써 넣으시오.

(1)

+	3	1	0	5	9	6	2	4	7	8
3										
0										
8										
5										
7										

(2)

+	5	7	1	3	0	8	6	2	4	9
2										
4										
1										
9										
6										

❋ 틀린 계산은 아래에 써서 다시 해 보시오.

___ + ___ = ___   ___ + ___ = ___

❋ 틀린 계산은 아래에 써서 다시 해 보시오.

___ + ___ = ___   ___ + ___ = ___

8회 빈칸 채우기 1 · 100칸 덧셈

1. 두 수의 덧셈을 하여 빈 칸에 알맞은 수를 써 넣으시오.

+	2	7	1	9	8	0	6	5	4	3
9		16								
4										
0										
5										
2										
6										
3										
7										
1										
8										

2. 두 수의 덧셈을 하여 빈 칸에 알맞은 수를 써 넣으시오.

+	8	4	1	0	7	2	9	3	6	5
9										
0										
2										
5										
7										
1										
4										
3										
6										
8										

☐ 분 ☐ 초

❀ 틀린 계산은 아래에 써서 다시 해 보시오.

____ + ____ = ____   ____ + ____ = ____

____ + ____ = ____   ____ + ____ = ____

❀ 틀린 계산은 아래에 써서 다시 해 보시오.

____ + ____ = ____

____ + ____ = ____

얼마나 빠른지 시간을 재 보세요.

9회 세로셈 계산
가로셈을 세로셈으로
고쳐 계산하기

표준 완성 시간 4~5분　부모 확인란

○ 월 ○ 일 이름

평가	😊	😊	😞	😭
오답수	아주 잘함 : 0~1	잘함 : 2	보통 : 3	노력 바람 : 4~

1. 큰 수의 덧셈과 뺄셈은 가로셈보다는 세로셈으로 계산하는 것이 편리합니다.
세로셈으로 계산할 때에는 자리의 수를 맞추어 계산하는 것이 중요합니다.
다음 식을 세로셈으로 계산하여 봅시다.

(1) $7+5$

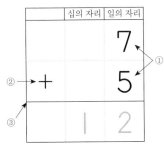

(2) $12-8$

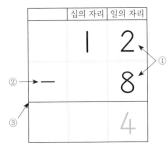

① 자리의 수를 맞추어 숫자를 씁니다.
② ＋나 － 부호를 씁니다.
③ 옆의 선을 긋고 계산합니다.

자리의 수를 잘
맞추어 계산하세요.

(3) $8+6$

십의 자리	일의 자리

(4) $13-7$

십의 자리	일의 자리

2. 다음을 세로셈으로 고쳐 계산하시오.

(1) $9+5$

(2) $6+9$

(3) $7+8$

(4) $13+1$

(5) $8+11$

(6) $15-8$

(7) $17-9$

(8) $13-7$

(9) $15-6$

10회 받아올림이 없는 덧셈 (두 자리 수)+(한 자리 수)

1. 덧셈을 하시오.

(1) 13 + 5 = 18 (2) 23 + 4 (3) 32 + 5
(4) 52 + 7 (5) 33 + 2 (6) 43 + 6
(7) 94 + 1 (8) 63 + 6 (9) 72 + 7
(10) 10 + 4 (11) 60 + 7 (12) 40 + 8

2. 덧셈을 하시오.

(1) 18 + 1 (2) 22 + 2 (3) 51 + 5
(4) 73 + 5 (5) 52 + 6 (6) 33 + 3
(7) 86 + 2 (8) 74 + 5 (9) 91 + 8
(10) 30 + 5 (11) 20 + 7 (12) 50 + 9

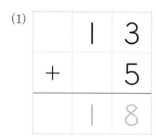

표준 완성 시간 4~5분

월 일 이름

평가	😊	😊	😣	😫
오답수	아주 잘함:0~2	잘함:3~4	보통:5~6	노력 바람:7~

부모 확인란

- 12 -

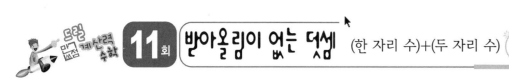   
1. 덧셈을 하시오.

(1)
```
    6
+ 3 2
-----
  3 8
```

(2)
```
    5
+ 1 2
-----
```

(3)
```
    2
+ 2 2
-----
```

(4)
```
    3
+ 3 6
-----
```

(5)
```
    5
+ 5 4
-----
```

(6)
```
    1
+ 7 8
-----
```

(7)
```
    7
+ 8 2
-----
```

(8)
```
    4
+ 7 3
-----
```

(9)
```
    3
+ 9 2
-----
```

(10)
```
    6
+ 6 0
-----
```

(11)
```
    2
+ 8 0
-----
```

(12)
```
    1
+ 1 0
-----
```

2. 덧셈을 하시오.

(1)
```
    4
+ 1 2
-----
```

(2)
```
    1
+ 3 8
-----
```

(3)
```
    6
+ 2 2
-----
```

(4)
```
    5
+ 5 1
-----
```

(5)
```
    3
+ 3 5
-----
```

(6)
```
    4
+ 3 3
-----
```

(7)
```
    3
+ 9 6
-----
```

(8)
```
    3
+ 7 4
-----
```

(9)
```
    3
+ 8 5
-----
```

(10)
```
    9
+ 9 0
-----
```

(11)
```
    8
+ 2 0
-----
```

(12)
```
    7
+ 7 0
-----
```

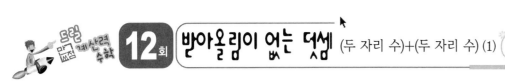

평가				
오답수	아주 잘함 : 0~2	잘함 : 3~4	보통 : 5~6	노력 바람 : 7~

1. 덧셈을 하시오.

(1)
```
    3 3
+   1 2
-------
    4 5
```

(2)
```
    4 2
+   3 1
-------
```

(3)
```
    3 2
+   5 1
-------
```

(4)
```
    5 3
+   4 6
-------
```

(5)
```
    4 5
+   2 2
-------
```

(6)
```
    4 5
+   3 4
-------
```

(7)
```
    4 3
+   3 0
-------
```

(8)
```
    7 7
+   2 1
-------
```

(9)
```
    3 1
+   2 8
-------
```

(10)
```
    2 0
+   7 9
-------
```

(11)
```
    3 0
+   4 0
-------
```

(12)
```
    6 0
+   2 0
-------
```

2. 덧셈을 하시오.

(1)
```
    4 2
+   2 6
-------
```

(2)
```
    4 5
+   2 3
-------
```

(3)
```
    4 4
+   2 3
-------
```

(4)
```
    5 4
+   3 2
-------
```

(5)
```
    5 8
+   3 1
-------
```

(6)
```
    4 2
+   4 6
-------
```

(7)
```
    2 6
+   2 0
-------
```

(8)
```
    5 7
+   4 1
-------
```

(9)
```
    3 0
+   2 4
-------
```

(10)
```
    1 0
+   5 4
-------
```

(11)
```
    6 0
+   1 0
-------
```

(12)
```
    4 0
+   5 0
-------
```

평 가	☺	☺	☺	☺
오답수	아주 잘함 : 0~2	잘함 : 3~4	보통 : 5~6	노력 바람 : 7~

1. 덧셈을 하시오.

(1)
```
   1 5
+  3 2
-----
   4 7
```

(2)
```
   4 1
+  5 3
-----
```

(3)
```
   2 7
+  5 0
-----
```

(4)
```
   3 2
+  4 6
-----
```

(5)
```
   2 5
+  5 4
-----
```

(6)
```
   3 4
+  1 5
-----
```

(7)
```
   7 6
+  1 2
-----
```

(8)
```
   6 1
+  2 6
-----
```

(9)
```
   5 2
+  3 7
-----
```

(10)
```
   4 7
+  3 0
-----
```

(11)
```
   2 2
+  5 3
-----
```

(12)
```
   1 0
+  8 0
-----
```

2. 덧셈을 하시오.

(1)
```
   2 3
+  4 2
-----
```

(2)
```
   7 0
+  2 9
-----
```

(3)
```
   1 4
+  5 5
-----
```

(4)
```
   1 9
+  8 0
-----
```

(5)
```
   6 1
+  2 4
-----
```

(6)
```
   4 7
+  5 1
-----
```

(7)
```
   7 3
+  2 4
-----
```

(8)
```
   3 5
+  5 3
-----
```

(9)
```
   1 7
+  4 1
-----
```

(10)
```
   5 0
+  4 8
-----
```

(11)
```
   3 8
+  6 1
-----
```

(12)
```
   4 0
+  5 0
-----
```

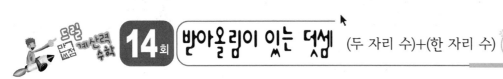
1. 덧셈을 하시오.

(1)
```
  3 8
+   4
-----
  4 2
```

(2)
```
  2 5
+   7
-----
```

(3)
```
  1 3
+   8
-----
```

(4)
```
  6 9
+   2
-----
```

(5)
```
  7 7
+   5
-----
```

(6)
```
  5 9
+   5
-----
```

(7)
```
  7 6
+   5
-----
```

(8)
```
  7 8
+   5
-----
```

(9)
```
  4 9
+   7
-----
```

(10)
```
  6 8
+   5
-----
```

(11)
```
  2 7
+   8
-----
```

(12)
```
  3 4
+   9
-----
```

2. 덧셈을 하시오.

(1)
```
  1 8
+   6
-----
```

(2)
```
  2 9
+   8
-----
```

(3)
```
  4 8
+   8
-----
```

(4)
```
  4 6
+   9
-----
```

(5)
```
  5 7
+   7
-----
```

(6)
```
  8 4
+   9
-----
```

(7)
```
  6 7
+   3
-----
```

(8)
```
  2 9
+   9
-----
```

(9)
```
  5 4
+   6
-----
```

(10)
```
  2 8
+   5
-----
```

(11)
```
  4 2
+   9
-----
```

(12)
```
  4 2
+   8
-----
```

1. 덧셈을 하시오.

(1)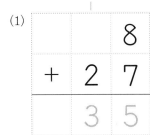
```
     8
+  2 7
-------
   3 5
```

(2)
```
     5
+  1 7
```

(3)
```
     6
+  5 6
```

(4)
```
     3
+  2 8
```

(5)
```
     9
+  7 6
```

(6)
```
     4
+  7 8
```

(7)
```
     9
+  6 9
```

(8)
```
     4
+  7 7
```

(9)
```
     8
+  8 3
```

(10)
```
     1
+  1 9
```

(11)
```
     7
+  4 3
```

(12)
```
     5
+  5 5
```

2. 덧셈을 하시오.

(1)
```
     5
+  3 9
```

(2)
```
     4
+  5 7
```

(3)
```
     8
+  3 4
```

(4)
```
     5
+  8 7
```

(5)
```
     7
+  3 9
```

(6)
```
     4
+  7 9
```

(7)
```
     3
+  3 8
```

(8)
```
     9
+  7 6
```

(9)
```
     6
+  4 7
```

(10)
```
     2
+  5 8
```

(11)
```
     4
+  3 6
```

(12)
```
     8
+  2 2
```

표준 완성 시간 4~5분

부모 확인란

평가	😄	😄	😐	😣
오답수	아주 잘함 : 0~2	잘함 : 3~4	보통 : 5~6	노력 바람 : 7~

1. 덧셈을 하시오.

(1)
```
    9 6
+     7
-------
  1 0 3
```

(2)
```
    9 9
+     4
-------
```

(3)
```
    9 4
+     8
-------
```

(4)
```
    9 5
+     7
-------
```

(5)
```
    9 3
+     9
-------
```

(6)
```
    9 7
+     7
-------
```

(7)
```
    9 8
+     4
-------
```

(8)
```
    9 2
+     9
-------
```

(9)
```
    9 9
+     8
-------
```

(10)
```
    9 8
+     2
-------
```

(11)
```
    9 9
+     1
-------
```

(12)
```
    9 7
+     3
-------
```

2. 덧셈을 하시오.

(1)
```
      5
+   9 8
-------
```

(2)
```
      5
+   9 6
-------
```

(3)
```
      8
+   9 5
-------
```

(4)
```
      7
+   9 5
-------
```

(5)
```
      4
+   9 9
-------
```

(6)
```
      6
+   9 9
-------
```

(7)
```
      8
+   9 6
-------
```

(8)
```
      9
+   9 9
-------
```

(9)
```
      4
+   9 7
-------
```

(10)
```
      2
+   9 8
-------
```

(11)
```
      7
+   9 3
-------
```

(12)
```
      5
+   9 5
-------
```

17회 받아올림이 있는 덧셈 (두 자리 수)+(두 자리 수) (1) 월 일 이름

표준 완성 시간 4~5분

평가	😄	😄	😐	😫
오답수	아주 잘함:0~2	잘함:3~4	보통:5~6	노력 바람:7~

1. 덧셈을 하시오.

(1)
```
   3 7
 + 2 4
 -----
   6 1
```

(2)
```
   1 3
 + 7 8
 -----
```

(3)
```
   4 5
 + 3 7
 -----
```

(4)
```
   1 4
 + 6 8
 -----
```

(5)
```
   3 9
 + 2 5
 -----
```

(6)
```
   5 6
 + 2 6
 -----
```

(7)
```
   3 4
 + 3 9
 -----
```

(8)
```
   2 6
 + 1 8
 -----
```

(9)
```
   5 8
 + 2 8
 -----
```

(10)
```
   2 4
 + 5 6
 -----
```

(11)
```
   4 7
 + 3 3
 -----
```

(12)
```
   3 6
 + 5 4
 -----
```

2. 덧셈을 하시오.

(1)
```
   2 7
 + 3 7
 -----
```

(2)
```
   5 7
 + 3 4
 -----
```

(3)
```
   1 8
 + 2 7
 -----
```

(4)
```
   6 5
 + 2 8
 -----
```

(5)
```
   2 6
 + 5 5
 -----
```

(6)
```
   5 4
 + 1 8
 -----
```

(7)
```
   4 9
 + 3 9
 -----
```

(8)
```
   3 6
 + 3 6
 -----
```

(9)
```
   7 7
 + 1 9
 -----
```

(10)
```
   2 8
 + 4 2
 -----
```

(11)
```
   6 3
 + 1 7
 -----
```

(12)
```
   5 5
 + 1 5
 -----
```

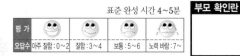
1. 덧셈을 하시오.

(1)
```
    8 3
 +  3 5
 ――――
  1 1 8
```

(2)
```
    5 4
 +  7 1
 ――――
```

(3)
```
    3 6
 +  8 3
 ――――
```

(4)
```
    8 1
 +  4 3
 ――――
```

(5)
```
    5 4
 +  8 5
 ――――
```

(6)
```
    6 4
 +  6 3
 ――――
```

(7)
```
    5 7
 +  7 2
 ――――
```

(8)
```
    8 6
 +  5 2
 ――――
```

(9)
```
    6 7
 +  9 2
 ――――
```

(10)
```
    6 4
 +  4 5
 ――――
```

(11)
```
    9 2
 +  1 6
 ――――
```

(12)
```
    3 6
 +  7 0
 ――――
```

2. 덧셈을 하시오.

(1)
```
    4 4
 +  7 2
 ――――
```

(2)
```
    4 2
 +  9 6
 ――――
```

(3)
```
    4 6
 +  8 1
 ――――
```

(4)
```
    9 4
 +  5 5
 ――――
```

(5)
```
    8 2
 +  9 4
 ――――
```

(6)
```
    5 2
 +  6 5
 ――――
```

(7)
```
    9 4
 +  7 3
 ――――
```

(8)
```
    8 2
 +  8 6
 ――――
```

(9)
```
    9 7
 +  9 2
 ――――
```

(10)
```
    2 3
 +  8 6
 ――――
```

(11)
```
    3 7
 +  7 1
 ――――
```

(12)
```
    5 3
 +  5 6
 ――――
```

1. 덧셈을 하시오.

(1)
$$\begin{array}{r} 3\ 6 \\ +\ 6\ 7 \\ \hline 1\ 0\ 3 \end{array}$$

(2)
$$\begin{array}{r} 5\ 6 \\ +\ 4\ 7 \\ \hline \end{array}$$

(3)
$$\begin{array}{r} 7\ 8 \\ +\ 2\ 9 \\ \hline \end{array}$$

(4)
$$\begin{array}{r} 3\ 8 \\ +\ 6\ 6 \\ \hline \end{array}$$

(5)
$$\begin{array}{r} 1\ 8 \\ +\ 8\ 8 \\ \hline \end{array}$$

(6)
$$\begin{array}{r} 4\ 7 \\ +\ 5\ 8 \\ \hline \end{array}$$

(7)
$$\begin{array}{r} 8\ 3 \\ +\ 1\ 8 \\ \hline \end{array}$$

(8)
$$\begin{array}{r} 4\ 9 \\ +\ 5\ 9 \\ \hline \end{array}$$

(9)
$$\begin{array}{r} 5\ 2 \\ +\ 4\ 9 \\ \hline \end{array}$$

(10)
$$\begin{array}{r} 8\ 6 \\ +\ 1\ 4 \\ \hline \end{array}$$

(11)
$$\begin{array}{r} 4\ 7 \\ +\ 5\ 3 \\ \hline \end{array}$$

(12)
$$\begin{array}{r} 7\ 7 \\ +\ 2\ 3 \\ \hline \end{array}$$

2. 덧셈을 하시오.

(1)
$$\begin{array}{r} 2\ 7 \\ +\ 7\ 7 \\ \hline \end{array}$$

(2)
$$\begin{array}{r} 5\ 8 \\ +\ 4\ 6 \\ \hline \end{array}$$

(3)
$$\begin{array}{r} 8\ 9 \\ +\ 1\ 8 \\ \hline \end{array}$$

(4)
$$\begin{array}{r} 2\ 9 \\ +\ 7\ 5 \\ \hline \end{array}$$

(5)
$$\begin{array}{r} 3\ 5 \\ +\ 6\ 8 \\ \hline \end{array}$$

(6)
$$\begin{array}{r} 5\ 8 \\ +\ 4\ 4 \\ \hline \end{array}$$

(7)
$$\begin{array}{r} 4\ 7 \\ +\ 5\ 4 \\ \hline \end{array}$$

(8)
$$\begin{array}{r} 6\ 7 \\ +\ 3\ 6 \\ \hline \end{array}$$

(9)
$$\begin{array}{r} 7\ 9 \\ +\ 2\ 2 \\ \hline \end{array}$$

(10)
$$\begin{array}{r} 6\ 5 \\ +\ 3\ 5 \\ \hline \end{array}$$

(11)
$$\begin{array}{r} 5\ 6 \\ +\ 4\ 4 \\ \hline \end{array}$$

(12)
$$\begin{array}{r} 8\ 2 \\ +\ 1\ 8 \\ \hline \end{array}$$

1. 덧셈을 하시오.

(1)
```
    4 8
  + 6 4
  ─────
  1 1 2
```

(2)
```
    4 5
  + 9 7
  ─────
```

(3)
```
    7 6
  + 5 4
  ─────
```

(4)
```
    5 3
  + 8 8
  ─────
```

(5)
```
    6 8
  + 5 9
  ─────
```

(6)
```
    7 6
  + 4 7
  ─────
```

(7)
```
    4 9
  + 9 8
  ─────
```

(8)
```
    5 6
  + 9 8
  ─────
```

(9)
```
    4 9
  + 9 9
  ─────
```

(10)
```
    8 8
  + 6 2
  ─────
```

(11)
```
    6 9
  + 8 1
  ─────
```

(12)
```
    9 6
  + 6 4
  ─────
```

2. 덧셈을 하시오.

(1)
```
    4 8
  + 6 8
  ─────
```

(2)
```
    9 6
  + 7 7
  ─────
```

(3)
```
    6 7
  + 6 5
  ─────
```

(4)
```
    5 8
  + 8 3
  ─────
```

(5)
```
    4 7
  + 7 8
  ─────
```

(6)
```
    9 9
  + 8 8
  ─────
```

(7)
```
    1 3
  + 9 8
  ─────
```

(8)
```
    5 6
  + 7 9
  ─────
```

(9)
```
    5 7
  + 5 7
  ─────
```

(10)
```
    8 5
  + 3 5
  ─────
```

(11)
```
    7 7
  + 6 3
  ─────
```

(12)
```
    2 8
  + 8 2
  ─────
```

1. 덧셈을 하시오.

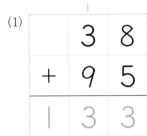

(1)
```
    3 8
+   9 5
-------
  1 3 3
```

(2)
```
    5 5
+   6 9
-------
```

(3)
```
    3 8
+   8 6
-------
```

(4)
```
    4 6
+   5 5
-------
```

(5)
```
    8 5
+   5 7
-------
```

(6)
```
    7 5
+   9 1
-------
```

(7)
```
    9 5
+   3 7
-------
```

(8)
```
    2 6
+   9 7
-------
```

(9)
```
    5 4
+   9 9
-------
```

(10)
```
    6 4
+   5 7
-------
```

(11)
```
    5 7
+   4 9
-------
```

(12)
```
    3 6
+   6 4
-------
```

2. 덧셈을 하시오.

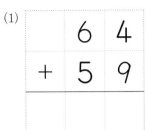

(1)
```
    6 4
+   5 9
-------
```

(2)
```
    4 7
+   5 5
-------
```

(3)
```
    3 8
+   6 9
-------
```

(4)
```
    4 6
+   7 7
-------
```

(5)
```
    7 3
+   9 4
-------
```

(6)
```
    3 7
+   8 2
-------
```

(7)
```
    9 4
+   3 7
-------
```

(8)
```
    4 9
+   9 9
-------
```

(9)
```
    1 8
+   9 6
-------
```

(10)
```
    5 6
+   8 4
-------
```

(11)
```
    3 4
+   6 8
-------
```

(12)
```
    7 4
+   6 7
-------
```

 **22**회 **덧셈 정리**

두 자리 수의 덧셈 (1)

 월 일 이름

표준 완성 시간 4~5분

평가	☺	☺	☹	☹
오답수	아주 잘함 : 0~2	잘함 : 3~4	보통 : 5~6	노력 바람 : 7~

부모 확인란

1. 덧셈을 하시오.

(1)
```
    4 5
+     3
─────
```

(2)
```
      2
+   4 7
─────
```

(3)
```
    3 6
+   5 1
─────
```

(4)
```
    3 8
+   4 0
─────
```

(5)
```
    7 8
+     5
─────
```

(6)
```
      6
+   3 5
─────
```

(7)
```
    3 8
+   1 6
─────
```

(8)
```
    7 5
+   6 2
─────
```

(9)
```
    9 7
+     4
─────
```

(10)
```
    3 8
+   7 5
─────
```

(11)
```
    5 7
+   6 5
─────
```

(12)
```
    5 4
+   4 7
─────
```

2. 덧셈을 하시오.

(1)
```
    3 5
+     4
─────
```

(2)
```
      4
+   7 4
─────
```

(3)
```
    4 6
+   2 3
─────
```

(4)
```
    4 0
+   5 0
─────
```

(5)
```
    8 7
+     8
─────
```

(6)
```
      8
+   4 6
─────
```

(7)
```
    4 9
+   3 4
─────
```

(8)
```
    6 1
+   7 3
─────
```

(9)
```
      8
+   9 6
─────
```

(10)
```
    4 4
+   9 7
─────
```

(11)
```
    1 7
+   9 7
─────
```

(12)
```
    5 8
+   4 5
─────
```

1. 덧셈을 하시오.

(1)
```
    6 2
  +   5
-------
```

(2)
```
      4
  + 1 3
-------
```

(3)
```
    3 3
  + 5 6
-------
```

(4)
```
    4 0
  + 2 6
-------
```

(5)
```
    3 8
  +   9
-------
```

(6)
```
      6
  + 7 9
-------
```

(7)
```
    3 7
  + 4 5
-------
```

(8)
```
    8 5
  + 8 3
-------
```

(9)
```
    9 8
  +   6
-------
```

(10)
```
    3 5
  + 8 6
-------
```

(11)
```
    3 4
  + 7 9
-------
```

(12)
```
    6 2
  + 3 8
-------
```

2. 덧셈을 하시오.

(1)
```
    9 5
  +   4
-------
```

(2)
```
      3
  + 3 4
-------
```

(3)
```
    3 6
  + 6 1
-------
```

(4)
```
    1 0
  + 5 7
-------
```

(5)
```
    6 9
  +   7
-------
```

(6)
```
      7
  + 8 6
-------
```

(7)
```
    5 9
  + 2 9
-------
```

(8)
```
    9 2
  + 5 3
-------
```

(9)
```
      8
  + 9 8
-------
```

(10)
```
    5 9
  + 6 7
-------
```

(11)
```
    4 7
  + 6 6
-------
```

(12)
```
    6 7
  + 3 3
-------
```

표준 완성 시간 4~5분

부모 확인란

평 가				
오답수	아주 잘함 : 0~2	잘함 : 3~4	보통 : 5~6	노력 바람 : 7~

1. 빨셈을 하시오.

(1) $3-2=$ $\boxed{1}$

(2) $4-1=$ $\boxed{}$

(3) $9-4=$ $\boxed{}$

(4) $9-3=$ $\boxed{}$

(5) $6-3=$ $\boxed{}$

(6) $5-4=$ $\boxed{}$

(7) $8-6=$ $\boxed{}$

(8) $8-2=$ $\boxed{}$

(9) $5-1=$ $\boxed{}$

(10) $9-5=$ $\boxed{}$

(11) $5-3=$ $\boxed{}$

(12) $8-4=$ $\boxed{}$

(13) $9-2=$ $\boxed{}$

(14) $4-2=$ $\boxed{}$

(15) $6-1=$ $\boxed{}$

(16) $7-6=$ $\boxed{}$

(17) $8-7=$ $\boxed{}$

(18) $7-4=$ $\boxed{}$

(19) $9-6=$ $\boxed{}$

(20) $5-2=$ $\boxed{}$

2. 빨셈을 하시오.

(1) $9-8=$ $\boxed{}$

(2) $7-2=$ $\boxed{}$

(3) $6-4=$ $\boxed{}$

(4) $10-1=$ $\boxed{}$

(5) $8-2=$ $\boxed{}$

(6) $7-3=$ $\boxed{}$

(7) $10-3=$ $\boxed{}$

(8) $9-4=$ $\boxed{}$

(9) $10-6=$ $\boxed{}$

(10) $7-1=$ $\boxed{}$

(11) $9-7=$ $\boxed{}$

(12) $10-7=$ $\boxed{}$

(13) $5-3=$ $\boxed{}$

(14) $10-2=$ $\boxed{}$

(15) $10-5=$ $\boxed{}$

(16) $9-5=$ $\boxed{}$

(17) $4-3=$ $\boxed{}$

(18) $10-4=$ $\boxed{}$

(19) $10-9=$ $\boxed{}$

(20) $5-4=$ $\boxed{}$

평가				
오답수	아주 잘함 : 0~2	잘함 : 3~4	보통 : 5~6	노력 바람 : 7~

부모 확인란

1. 빨셈을 하시오.

(1) $11-7=\boxed{4}$

(2) $12-5=\boxed{}$

(3) $13-5=\boxed{}$

(4) $14-5=\boxed{}$

(5) $17-9=\boxed{}$

(6) $12-9=\boxed{}$

(7) $18-2=\boxed{}$

(8) $17-8=\boxed{}$

(9) $13-4=\boxed{}$

(10) $10-3=\boxed{}$

(11) $14-9=\boxed{}$

(12) $12-6=\boxed{}$

(13) $12-8=\boxed{}$

(14) $15-7=\boxed{}$

(15) $18-8=\boxed{}$

(16) $11-4=\boxed{}$

(17) $12-7-\boxed{}$

(18) $13-6=\boxed{}$

(19) $11-5=\boxed{}$

(20) $18-9=\boxed{}$

2. 빨셈을 하시오.

(1) $12-3=\boxed{}$

(2) $16-9=\boxed{}$

(3) $11-7=\boxed{}$

(4) $17-9=\boxed{}$

(5) $12-8=\boxed{}$

(6) $16-7=\boxed{}$

(7) $11-3=\boxed{}$

(8) $10-4=\boxed{}$

(9) $15-6=\boxed{}$

(10) $13-5=\boxed{}$

(11) $18-5=\boxed{}$

(12) $11-9=\boxed{}$

(13) $14-8=\boxed{}$

(14) $11-6=\boxed{}$

(15) $12-5=\boxed{}$

(16) $13-8=\boxed{}$

(17) $13\ 7=\boxed{}$

(18) $18\ 7=\boxed{}$

(19) $16-8=\boxed{}$

(20) $15-7=\boxed{}$

○월 ○일 이름

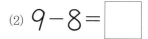

평 가	😊	😊	😐	😞
오답수	아주 잘함 : 0~2	잘함 : 3~4	보통 : 5~6	노력 바람 : 7~

부모 확인란

1. 빨셈을 하시오.

(1) $7-2=\boxed{5}$

(2) $6-3=\boxed{}$

(3) $9-4=\boxed{}$

(4) $11-5=\boxed{}$

(5) $13-6=\boxed{}$

(6) $18-8=\boxed{}$

(7) $12-7=\boxed{}$

(8) $12-8=\boxed{}$

(9) $14-6=\boxed{}$

(10) $15-9=\boxed{}$

(11) $10-3=\boxed{}$

(12) $11-6=\boxed{}$

(13) $12-9=\boxed{}$

(14) $15-5=\boxed{}$

(15) $14-7=\boxed{}$

(16) $11-8=\boxed{}$

(17) $18-5=\boxed{}$

(18) $13-5=\boxed{}$

(19) $14-8=\boxed{}$

(20) $15-6=\boxed{}$

2. 빨셈을 하시오.

(1) $7-3=\boxed{}$

(2) $9-8=\boxed{}$

(3) $8-3=\boxed{}$

(4) $6-2=\boxed{}$

(5) $11-8=\boxed{}$

(6) $15-8=\boxed{}$

(7) $14-6=\boxed{}$

(8) $13-8=\boxed{}$

(9) $17-8=\boxed{}$

(10) $18-9=\boxed{}$

(11) $10-3=\boxed{}$

(12) $12-7=\boxed{}$

(13) $16-9=\boxed{}$

(14) $16-7=\boxed{}$

(15) $13-9=\boxed{}$

(16) $17-9=\boxed{}$

(17) $12-8=\boxed{}$

(18) $11-7=\boxed{}$

(19) $15-7=\boxed{}$

(20) $13-5=\boxed{}$

27회 빈 칸 채우기 2 30칸 뺄셈 (1)

○월 ○일 이름

| 평가 | 😊 | 😊 | 😐 | 😞 |
| 오답수 | 아주 잘함 : 0~2 | 잘함 : 3~5 | 보통 : 6~8 | 노력 바람 : 9~ |

1. 두 수의 뺄셈을 하여 빈 칸에 알맞은 수를 써 넣으시오.

(1)

−	12	14	17	13	10	16	18	19	11	15
7		7								
5										
3										

(2)

−	11	16	19	14	10	18	13	17	15	12
6										
1										
8										

(3)

−	14	18	16	12	19	17	13	11	10	15
4										
9										
2										

2. 두 수의 뺄셈을 하여 빈 칸에 알맞은 수를 써 넣으시오.

(1)

−	13	17	11	19	14	12	18	15	10	16
5										
2										
7										

(2)

−	11	15	17	12	14	19	10	18	16	13
3										
8										
6										

(3)

−	16	13	18	12	19	11	14	10	17	15
4										
1										
9										

빈 칸 채우기 2 30칸 뺄셈 (2)

○월 ○일 이름

평 가	😄	🙂	😐	😣
오답수	아주 잘함 : 0~2	잘함 : 3~5	보통 : 6~8	노력 바람 : 9~

1. 두 수의 뺄셈을 하여 빈 칸에 알맞은 수를 써 넣으시오.

(1)

−	15	17	14	12	16	19	11	10	18	13
8		9								
1										
4										

(2)

−	13	17	11	14	10	18	16	19	12	15
9										
3										
6										

(3)

−	11	14	10	19	18	16	13	12	17	15
5										
2										
7										

2. 두 수의 뺄셈을 하여 빈 칸에 알맞은 수를 써 넣으시오.

(1)

−	19	14	12	15	11	17	18	10	16	13
4										
9										
2										

(2)

−	15	10	14	11	16	18	13	19	12	17
5										
1										
7										

(3)

−	10	16	14	17	15	12	11	18	19	13
6										
8										
3										

1. 두 수의 뺄셈을 하여 빈 칸에 알맞은 수를 써 넣으시오.

(1)

−	14	11	19	15	18	12	17	13	10	16
4		7								
1										
8										
6										
3										

(2)

−	14	12	16	11	15	17	10	18	19	13
5										
2										
9										
0										
7										

2. 두 수의 뺄셈을 하여 빈 칸에 알맞은 수를 써 넣으시오.

(1)

−	12	16	19	18	14	11	15	10	17	13
2										
7										
0										
9										
5										

(2)

−	14	17	13	18	11	16	19	12	15	10
1										
4										
8										
3										
6										

❋ 틀린 계산은 아래에 써서 다시 해 보시오.

＿＿＿ − ＿＿＿ = ＿＿＿

❋ 틀린 계산은 아래에 써서 다시 해 보시오.

＿＿＿ − ＿＿＿ = ＿＿＿　　＿＿＿ − ＿＿＿ = ＿＿＿

30회 **빈 칸 채우기 2** 50칸 뺄셈 (2)

○월 ○일 이름

1. 두 수의 뺄셈을 하여 빈 칸에 알맞은 수를 써 넣으시오.

(1)

−	12	14	18	13	16	19	17	10	15	11
4	10									
7										
2										
8										
0										

(2)

−	15	10	14	16	13	11	19	17	12	18
3										
6										
1										
9										
5										

2. 두 수의 뺄셈을 하여 빈 칸에 알맞은 수를 써 넣으시오.

(1)

−	16	18	13	10	17	14	12	11	19	15
3										
1										
8										
4										
7										

(2)

−	10	17	14	16	11	19	13	15	12	18
5										
0										
9										
6										
2										

❀ 틀린 계산은 아래에 써서 다시 해 보시오.

___ − ___ = ___   ___ − ___ = ___

❀ 틀린 계산은 아래에 써서 다시 해 보시오.

___ − ___ = ___   ___ − ___ = ___

1. 두 수의 뺄셈을 하여 빈 칸에 알맞은 수를 써 넣으시오.

−	18	11	14	19	15	12	10	17	13	16
7		4								
3										
1										
6										
4										
0										
8										
5										
2										
9										

2. 두 수의 뺄셈을 하여 빈 칸에 알맞은 수를 써 넣으시오.

−	15	13	18	16	11	14	10	19	17	12
8										
4										
3										
6										
0										
2										
5										
1										
7										
9										

☐ 분 ☐ 초

✸ 틀린 계산은 아래에 써서 다시 해 보시오.

_____ − _____ = _____

_____ − _____ = _____

✸ 틀린 계산은 아래에 써서 다시 해 보시오.

_____ − _____ = _____

_____ − _____ = _____

얼마나 빠른지
시간을 재보세요.

 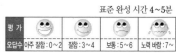

1. 뺄셈을 하시오.

(1)
```
  3 5
-   2
─────
  3 3
```

(2)
```
  2 4
-   3
─────
```

(3)
```
  4 5
-   2
─────
```

(4)
```
  5 7
-   6
─────
```

(5)
```
  1 8
-   2
─────
```

(6)
```
  6 9
-   3
─────
```

(7)
```
  6 4
-   1
─────
```

(8)
```
  9 7
-   6
─────
```

(9)
```
  8 8
-   6
─────
```

(10)
```
  2 7
-   2
─────
```

(11)
```
  4 4
-   4
─────
```

(12)
```
  7 1
-   1
─────
```

2. 뺄셈을 하시오.

(1)
```
  1 9
-   4
─────
```

(2)
```
  4 7
-   6
─────
```

(3)
```
  8 5
-   1
─────
```

(4)
```
  9 6
-   3
─────
```

(5)
```
  5 3
-   2
─────
```

(6)
```
  8 9
-   7
─────
```

(7)
```
  6 3
-   2
─────
```

(8)
```
  2 7
-   4
─────
```

(9)
```
  1 9
-   8
─────
```

(10)
```
  8 3
-   2
─────
```

(11)
```
  5 5
-   5
─────
```

(12)
```
  6 9
-   9
─────
```

1. 뺄셈을 하시오.

(1)
```
   3 4
 - 1 3
 ─────
   2 1
```

(2)
```
   2 3
 - 1 1
 ─────
```

(3)
```
   5 3
 - 2 2
 ─────
```

(4)
```
   4 7
 - 3 2
 ─────
```

(5)
```
   5 7
 - 4 1
 ─────
```

(6)
```
   4 6
 - 2 5
 ─────
```

(7)
```
   7 7
 - 2 4
 ─────
```

(8)
```
   7 8
 - 2 4
 ─────
```

(9)
```
   5 6
 - 1 2
 ─────
```

(10)
```
   5 5
 - 1 0
 ─────
```

(11)
```
   9 2
 - 5 0
 ─────
```

(12)
```
   5 4
 - 2 0
 ─────
```

2. 뺄셈을 하시오.

(1)
```
   3 7
 - 2 5
 ─────
```

(2)
```
   5 6
 - 4 3
 ─────
```

(3)
```
   4 8
 - 3 7
 ─────
```

(4)
```
   7 8
 - 3 3
 ─────
```

(5)
```
   7 6
 - 1 3
 ─────
```

(6)
```
   8 8
 - 3 1
 ─────
```

(7)
```
   5 6
 - 2 3
 ─────
```

(8)
```
   4 7
 - 1 1
 ─────
```

(9)
```
   9 9
 - 5 6
 ─────
```

(10)
```
   2 5
 - 1 0
 ─────
```

(11)
```
   6 9
 - 5 0
 ─────
```

(12)
```
   6 4
 - 4 0
 ─────
```

1. 뺄셈을 하시오.

(1)
```
    3 3
  - 1 3
  -----
    2 0
```

(2)
```
    4 5
  - 1 5
  -----
```

(3)
```
    4 4
  - 2 4
  -----
```

(4)
```
    5 6
  - 4 6
  -----
```

(5)
```
    7 8
  - 3 8
  -----
```

(6)
```
    9 2
  - 8 2
  -----
```

(7)
```
    5 5
  - 5 0
  -----
      5
```

(8)
```
    3 6
  - 3 0
  -----
```

(9)
```
    2 7
  - 2 0
  -----
```

(10)
```
    6 9
  - 6 9
  -----
```

(11)
```
    4 1
  - 4 0
  -----
```

(12)
```
    2 3
  - 2 0
  -----
```

2. 뺄셈을 하시오.

(1)
```
    5 4
  - 1 4
  -----
```

(2)
```
    8 1
  - 7 1
  -----
```

(3)
```
    6 9
  - 4 9
  -----
```

(4)
```
    8 1
  - 4 1
  -----
```

(5)
```
    7 7
  - 3 7
  -----
```

(6)
```
    3 2
  - 2 2
  -----
```

(7)
```
    6 1
  - 6 0
  -----
```

(8)
```
    7 5
  - 7 0
  -----
```

(9)
```
    9 3
  - 9 0
  -----
```

(10)
```
    4 8
  - 4 0
  -----
```

(11)
```
    5 3
  - 5 0
  -----
```

(12)
```
    8 4
  - 8 0
  -----
```

1. 뺄셈을 하시오.

(1)
```
   6 4
 - 1 3
 ─────
   5 1
```

(2)
```
   5 8
 - 2 5
 ─────
```

(3)
```
   7 2
 - 3 2
 ─────
```

(4)
```
   6 2
 - 4 2
 ─────
```

(5)
```
   5 4
 - 2 3
 ─────
```

(6)
```
   8 8
 - 5 6
 ─────
```

(7)
```
   3 7
 - 1 0
 ─────
```

(8)
```
   6 5
 - 3 0
 ─────
```

(9)
```
   4 5
 - 2 5
 ─────
```

(10)
```
   8 4
 - 3 4
 ─────
```

(11)
```
   7 5
 - 7 0
 ─────
```

(12)
```
   2 9
 - 2 0
 ─────
```

2. 뺄셈을 하시오.

(1)
```
   8 3
 - 3 2
 ─────
```

(2)
```
   7 6
 - 2 1
 ─────
```

(3)
```
   3 6
 - 1 6
 ─────
```

(4)
```
   5 4
 - 3 4
 ─────
```

(5)
```
   3 6
 - 1 5
 ─────
```

(6)
```
   2 9
 - 1 4
 ─────
```

(7)
```
   7 9
 - 3 0
 ─────
```

(8)
```
   8 4
 - 4 0
 ─────
```

(9)
```
   9 7
 - 6 7
 ─────
```

(10)
```
   4 7
 - 1 7
 ─────
```

(11)
```
   9 3
 - 9 0
 ─────
```

(12)
```
   1 7
 - 1 0
 ─────
```

1. 뺄셈을 하시오.

(1)
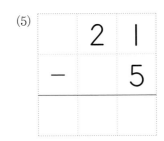
```
  4 10
  5 2
-   3
  4 9
```

(2)
```
  4 3
-   7
```

(3)
```
  5 7
-   9
```

(4)
```
  5 3
-   9
```

(5)
```
  2 1
-   5
```

(6)
```
  5 5
-   6
```

(7)
```
  6 2
-   4
```

(8)
```
  7 7
-   9
```

(9)
```
  3 2
-   9
```

(10)
```
  8 1
-   3
```

(11)
```
  5 2
-   5
```

(12)
```
  8 2
-   8
```

2. 뺄셈을 하시오.

(1)
```
  3 5
-   6
```

(2)
```
  4 2
-   5
```

(3)
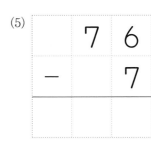
```
  9 1
-   9
```

(4)
```
  7 3
-   8
```

(5)
```
  7 6
-   7
```

(6)
```
  2 2
-   6
```

(7)
```
  3 7
-   9
```

(8)
```
  6 3
-   8
```

(9)
```
  4 2
-   9
```

(10)
```
  5 2
-   5
```

(11)
```
  9 8
-   9
```

(12)
```
  2 5
-   8
```

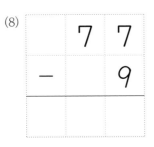
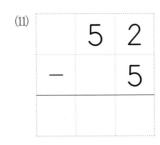

  월 일 이름

표준 완성 시간 4~5분

부모 확인란

평 가	😄	😊	😐	😞
오답수	아주 잘함 : 0~2	잘함 : 3~4	보통 : 5~6	노력 바람 : 7~

1. 뺄셈을 하시오.

(1)
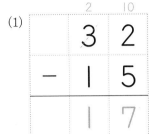
```
   2  10
   3  2
-  1  5
------
   1  7
```

(2)
```
   5  2
-  2  3
------
```

(3)
```
   7  7
-  1  9
------
```

(4)
```
   6  2
-  3  7
------
```

(5)
```
   8  6
-  4  9
------
```

(6)
```
   9  3
-  2  8
------
```

(7)
```
   7  4
-  3  9
------
```

(8)
```
   4  5
-  1  7
------
```

(9)
```
   8  5
-  5  6
------
```

(10)
```
   5  6
-  3  9
------
```

(11)
```
   8  7
-  1  8
------
```

(12)
```
   7  5
-  3  8
------
```

2. 뺄셈을 하시오.

(1)
```
   9  8
-  1  9
------
```

(2)
```
   7  3
-  1  4
------
```

(3)
```
   5  4
-  1  8
------
```

(4)
```
   8  3
-  3  7
------
```

(5)
```
   6  1
-  2  6
------
```

(6)
```
   5  1
-  2  9
------
```

(7)
```
   7  3
-  2  9
------
```

(8)
```
   8  8
-  3  9
------
```

(9)
```
   4  2
-  1  7
------
```

(10)
```
   8  6
-  2  7
------
```

(11)
```
   7  6
-  1  9
------
```

(12)
```
   4  4
-  2  7
------
```

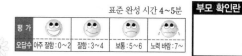
1. 뺄셈을 하시오.

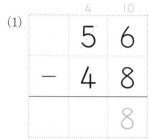

(1)
```
    5 6
  - 4 8
  -----
      8
```

(2)
```
    5 2
  - 4 7
  -----
```

(3)
```
    4 3
  - 3 6
  -----
```

(4)
```
    6 5
  - 5 7
  -----
```

(5)
```
    8 1
  - 7 7
  -----
```

(6)
```
    6 6
  - 5 9
  -----
```

(7)
```
    9 2
  - 8 9
  -----
```

(8)
```
    2 1
  - 1 3
  -----
```

(9)
```
    5 7
  - 4 8
  -----
```

(10)
```
    3 3
  - 2 6
  -----
```

(11)
```
    3 4
  - 2 7
  -----
```

(12)
```
    7 5
  - 6 8
  -----
```

2. 뺄셈을 하시오.

(1)
```
    6 2
  - 5 8
  -----
```

(2)
```
    6 6
  - 5 8
  -----
```

(3)
```
    3 1
  - 2 8
  -----
```

(4)
```
    8 2
  - 7 9
  -----
```

(5)
```
    7 5
  - 6 8
  -----
```

(6)
```
    7 3
  - 6 7
  -----
```

(7)
```
    9 2
  - 8 9
  -----
```

(8)
```
    6 4
  - 5 6
  -----
```

(9)
```
    2 1
  - 1 2
  -----
```

(10)
```
    7 1
  - 6 9
  -----
```

(11)
```
    4 3
  - 3 7
  -----
```

(12)
```
    3 6
  - 2 9
  -----
```

표준 완성 시간 4~5분

부모 확인란

평가				
오답수	아주 잘함:0~1	잘함:2~3	보통:4~5	노력 바람:6~

1. 뺄셈을 하시오.

(1)
```
      7  10
   1  8  3
 -    3  6
 ─────────
   1  4  7
```

(2)
```
   1  5  5
 -    3  7
 ─────────
```

(3)
```
   1  6  2
 -    5  3
 ─────────
```

(4)
```
   1  3  6
 -    2  9
 ─────────
```

(5)
```
   1  9  4
 -    5  8
 ─────────
```

(6)
```
   1  7  1
 -    5  3
 ─────────
```

(7)
```
   1  6  0
 -    3  2
 ─────────
```

(8)
```
   1  8  0
 -    5  4
 ─────────
```

2. 뺄셈을 하시오.

(1)
```
   1  6  5
 -    3  6
 ─────────
```

(2)
```
   1  7  4
 -    2  9
 ─────────
```

(3)
```
   1  3  2
 -    2  5
 ─────────
```

(4)
```
   1  2  3
 -    1  8
 ─────────
```

(5)
```
   1  6  7
 -    4  9
 ─────────
```

(6)
```
   1  8  5
 -    3  9
 ─────────
```

(7)
```
   1  9  0
 -    7  1
 ─────────
```

(8)
```
   1  9  6
 -    2  9
 ─────────
```

1. 뺄셈을 하시오.

(1)
```
      0  10
    1  3  7
 -     6  3
 ─────────
    7  4
```

(2)
```
    1  6  5
 -     8  2
 ─────────
```

(3)
```
    1  2  8
 -     4  5
 ─────────
```

(4)
```
    1  1  9
 -     4  2
 ─────────
```

(5)
```
    1  2  8
 -     7  1
 ─────────
```

(6)
```
    1  3  6
 -     8  2
 ─────────
```

(7)
```
    1  1  5
 -     5  1
 ─────────
```

(8)
```
    1  7  8
 -     9  2
 ─────────
```

2. 뺄셈을 하시오.

(1)
```
    1  8  6
 -     9  2
 ─────────
```

(2)
```
    1  5  4
 -     7  2
 ─────────
```

(3)
```
    1  3  8
 -     8  4
 ─────────
```

(4)
```
    1  4  7
 -     9  2
 ─────────
```

(5)
```
    1  1  6
 -     7  1
 ─────────
```

(6)
```
    1  6  5
 -     8  2
 ─────────
```

(7)
```
    1  1  9
 -     8  8
 ─────────
```

(8)
```
    1  7  4
 -     8  3
 ─────────
```

표준 완성 시간 4~5분

부모 확인란

평가	😄	😄	😣	😫
오답수	아주 잘함: 0~1	잘함: 2~3	보통: 4~5	노력 바람: 6~

1. 뺄셈을 하시오.

(1)

```
    0  12  10
    1   3   2
 -      7   8
 ─────────────
        5   4
```

(2)
```
    1   2   4
 -      9   5
 ────────────
```

(3)
```
    1   1   3
 -      5   6
 ────────────
```

(4)
```
    1   2   4
 -      8   8
 ────────────
```

(5)
```
    1   5   2
 -      9   9
 ────────────
```

(6)
```
    1   2   1
 -      6   2
 ────────────
```

(7)
```
    1   3   5
 -      9   8
 ────────────
```

(8)
```
    1   7   1
 -      8   9
 ────────────
```

2. 뺄셈을 하시오.

(1)
```
    1   4   1
 -      5   7
 ────────────
```

(2)
```
    1   4   2
 -      6   4
 ────────────
```

(3)
```
    1   2   3
 -      6   7
 ────────────
```

(4)
```
    1   5   7
 -      8   8
 ────────────
```

(5)
```
    1   1   8
 -      6   9
 ────────────
```

(6)
```
    1   7   4
 -      9   9
 ────────────
```

(7)
```
    1   4   3
 -      9   7
 ────────────
```

(8)
```
    1   3   1
 -      5   6
 ────────────
```

받아내림이 있는 뺄셈 (세 자리 수)-(두 자리 수) (4)

○ 월 ○ 일 이름

표준 완성 시간 4~5분

부모 확인란

평가	😊	🙂	😐	😫
오답수	아주 잘함 : 0~1	잘함 : 2~3	보통 : 4~5	노력 바람 : 6~

1. 뺄셈을 하시오.

(1)
```
    0  9  10
    1  0  6
 -     2  9
 ----------
       7  7
```

(2)
```
    1  0  6
 -     7  7
 ----------
```

(3)
```
    1  0  3
 -     3  4
 ----------
```

(4)
```
    1  0  5
 -     8  8
 ----------
```

(5)
```
    1  0  2
 -     5  7
 ----------
```

(6)
```
    1  0  4
 -     2  8
 ----------
```

(7)
```
    1  0  7
 -     6  5
 ----------
```

(8)
```
    1  0  4
 -     9  5
 ----------
```

2. 뺄셈을 하시오.

(1)
```
    1  0  2
 -     3  3
 ----------
```

(2)
```
    1  0  1
 -     6  7
 ----------
```

(3)
```
    1  0  3
 -     4  4
 ----------
```

(4)
```
    1  0  5
 -     5  7
 ----------
```

(5)
```
    1  0  6
 -     5  9
 ----------
```

(6)
```
    1  0  2
 -     3  8
 ----------
```

(7)
```
    1  0  3
 -     9  9
 ----------
```

(8)
```
    1  0  4
 -     7  7
 ----------
```

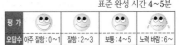

1. 뺄셈을 하시오.

(1)
```
  0  13  10
   1   4   2
 −     8   7
─────────────
       5   5
```

(2)
```
   1   7   1
 −     9   3
─────────────
```

(3)
```
   1   1   5
 −     4   9
─────────────
```

(4)
```
   1   3   2
 −     6   5
─────────────
```

(5)
```
   1   0   3
 −     6   5
─────────────
```

(6)
```
   1   0   4
 −     8   9
─────────────
```

(7)
```
   1   0   6
 −         9
─────────────
```

(8)
```
   1   0   0
 −         8
─────────────
```

2. 뺄셈을 하시오.

(1)
```
   1   5   2
 −     7   8
─────────────
```

(2)
```
   1   3   2
 −     8   7
─────────────
```

(3)
```
   1   7   2
 −     9   9
─────────────
```

(4)
```
   1   6   3
 −     9   7
─────────────
```

(5)
```
   1   0   1
 −     6   5
─────────────
```

(6)
```
   1   0   3
 −     4   9
─────────────
```

(7)
```
   1   0   1
 −         8
─────────────
```

(8)
```
   1   0   0
 −         4
─────────────
```

1. 빨셈을 하시오.

(1)
```
   5 7
 -   2
```

(2)
```
   9 7
 - 2 4
```

(3)
```
   3 4
 - 1 4
```

(4)
```
   7 2
 -   8
```

(5)
```
   6 4
 - 2 6
```

(6)
```
   4 2
 - 3 9
```

(7)
```
   1 2 8
 -   4 2
```

(8)
```
   1 5 4
 -   8 9
```

받아내림에 주의하세요.

(9)
```
   1 0 4
 -   2 9
```

(10)
```
   1 0 8
 -     9
```

2. 빨셈을 하시오.

(1)
```
   6 9
 -   1
```

(2)
```
   5 8
 - 2 4
```

(3)
```
   3 5
 - 1 5
```

(4)
```
   5 5
 -   9
```

(5)
```
   7 2
 - 3 8
```

(6)
```
   3 6
 - 2 9
```

(7)
```
   1 2 8
 -   7 5
```

(8)
```
   1 1 2
 -   4 9
```

(9)
```
   1 0 2
 -   1 9
```

(10)
```
   1 0 1
 -     8
```

1. 빨셈을 하시오.

(1)
```
    8 8
-     4
```

(2)
```
    3 9
-   1 2
```

(3)
```
    3 6
-   2 5
```

(4)
```
    3 2
-     8
```

(5)
```
    6 1
-   2 3
```

(6)
```
    7 2
-   5 5
```

(7)
```
  1 3 3
-   8 1
```

(8)
```
  1 6 6
-   8 9
```

빠르고, 정확하게!

(9)
```
  1 0 3
-   8 8
```

(10)
```
  1 0 2
-     9
```

2. 빨셈을 하시오.

(1)
```
    2 4
-     4
```

(2)
```
    8 3
-   1 1
```

(3)
```
    7 6
-   1 3
```

(4)
```
    3 5
-     9
```

(5)
```
    5 3
-   1 6
```

(6)
```
    9 1
-   8 3
```

(7)
```
  1 3 7
-   5 2
```

(8)
```
  1 1 3
-   8 6
```

(9)
```
  1 0 4
-   3 6
```

(10)
```
  1 0 5
-     9
```

1. □ 안에 알맞은 수를 써 넣으시오.

(1) 1을 10개 모은 수는 [10] 입니다.

(2) 10을 10개 모은 수는 [ ] 입니다.

(3) 100을 10개 모은 수는 [ ] 입니다.

(4) 1000을 10개 모은 수는 [ ] 입니다.

(5) 1000을 2개, 100을 3개, 10을 4개, 1을 7개

모은 수는 [ ] 입니다.

(6) 1000을 3개, 10을 6개, 1을 9개 모은 수는

[ ] 입니다.

(7) 1000을 4개, 100을 7개, 1을 5개 모은 수는

[ ] 입니다.

2. □ 안에 알맞은 수를 써 넣으시오.

(1) 20 ― 30 ― [40] ― 50 ― [ ] ― 70

(2) 230 ― 240 ― [ ] ― 260 ― [ ] ― 280

(3) 1100 ― 1200 ― [ ] ― 1400 ― [ ] ― 1600

(4) 2400 ― 3400 ― [ ] ― 5400 ― [ ] ― 7400

(5) 100 ― 200 ― [ ] ― 400 ― [ ]
   600 ― [ ] ― [ ] ― 900 ― [ ]

(6) 1000 ― 2000 ― [ ] ― 4000 ―
   [ ] ― [ ] ― 7000 ― [ ]
   9000 ― [ ]

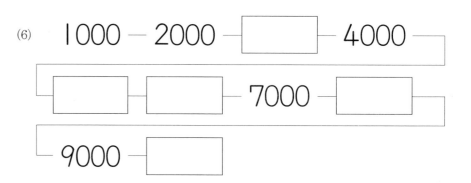

1. 덧셈을 하시오.

(1)
```
  2 1 3
+     2
-------
  2 1 5
```

(2)
```
  2 6 3
+     6
-------
```

(3)
```
  3 4 2
+     7
-------
```

(4)
```
  5 4 4
+     3
-------
```

(5)
```
  1 4 5
+     4
-------
```

(6)
```
  4 2 6
+     2
-------
```

(7)
```
  3 5 5
+     3
-------
```

(8)
```
  1 3 7
+     2
-------
```

2. 덧셈을 하시오.

(1)
```
      2
+ 6 2 5
-------
  6 2 7
```

(2)
```
      3
+ 2 3 4
-------
```

(3)
```
      6
+ 2 5 1
-------
```

(4)
```
      5
+ 3 5 0
-------
```

(5)
```
      4
+ 2 9 4
-------
```

(6)
```
      3
+ 2 3 1
-------
```

(7)
```
      6
+ 7 1 2
-------
```

(8)
```
      8
+ 5 7 0
-------
```

1. 덧셈을 하시오.

(1)
```
    2 3 1
 +    3 2
 ─────────
    2 6 3
```

(2)
```
    3 3 2
 +    2 5
 ─────────
```

(3)
```
    5 6 3
 +    1 2
 ─────────
```

(4)
```
    8 7 3
 +    1 6
 ─────────
```

(5)
```
    7 2 6
 +    5 2
 ─────────
```

(6)
```
    5 7 0
 +    1 6
 ─────────
```

(7)
```
    4 0 7
 +    8 2
 ─────────
```

(8)
```
    3 4 5
 +    4 2
 ─────────
```

2. 덧셈을 하시오.

(1)
```
      6 5
 +  7 2 3
 ─────────
    7 8 8
```

(2)
```
      2 2
 +  3 6 5
 ─────────
```

(3)
```
      1 7
 +  9 8 1
 ─────────
```

(4)
```
      3 5
 +  1 5 4
 ─────────
```

(5)
```
      8 0
 +  2 0 9
 ─────────
```

(6)
```
      6 0
 +  2 0 7
 ─────────
```

(7)
```
      3 0
 +  2 0 0
 ─────────
```

(8)
```
      5 0
 +  7 0 0
 ─────────
```

49회 **덧셈과 뺄셈**   세 자리 수의 뺄셈 (1)

 월 일 이름

표준 완성 시간 4~5분

부모 확인란

평가				
오답수	아주 잘함 : 0~1	잘함 : 2~3	보통 : 4~5	노력 바람 : 6~

1. 뺄셈을 하시오.

(1)
```
    3 2 4
  -     2
  ─────────
    3 2 2
```

(2)
```
    2 1 4
  -     3
  ─────────
```

(3)
```
    5 3 8
  -     6
  ─────────
```

(4)
```
    4 5 6
  -     3
  ─────────
```

(5)
```
    2 5 7
  -     7
  ─────────
```

(6)
```
    2 3 5
  -     5
  ─────────
```

(7)
```
    3 2 3
  -     3
  ─────────
```

(8)
```
    4 7 6
  -     6
  ─────────
```

2. 뺄셈을 하시오.

(1)
```
    2 2 6
  -   1 3
  ─────────
    2 1 3
```

(2)
```
    2 7 5
  -   3 2
  ─────────
```

(3)
```
    6 8 2
  -   3 1
  ─────────
```

(4)
```
    5 9 8
  -   2 4
  ─────────
```

(5)
```
    3 4 4
  -   1 3
  ─────────
```

(6)
```
    6 9 7
  -   4 2
  ─────────
```

(7)
```
    2 7 5
  -   1 3
  ─────────
```

(8)
```
    5 5 7
  -   2 4
  ─────────
```

1. 뺄셈을 하시오.

(1)
```
    2 3 4
  -   2 1
  ---------
    2 1 3
```

(2)
```
    1 6 3
  -   4 2
  ---------
```

(3)
```
    2 5 7
  -   4 5
  ---------
```

(4)
```
    4 6 4
  -   4 2
  ---------
```

(5)
```
    3 5 4
  -   4 1
  ---------
```

(6)
```
    7 8 6
  -   2 3
  ---------
```

(7)
```
    5 5 4
  -   5 3
  ---------
```

(8)
```
    2 1 7
  -   1 6
  ---------
```

2. 뺄셈을 하시오.

(1)
```
    1 2 3
  -   2 3
  ---------
```

(2)
```
    3 6 5
  -   6 5
  ---------
```

(3)
```
    7 6 2
  -   6 2
  ---------
```

(4)
```
    2 1 7
  -   1 7
  ---------
```

(5)
```
    5 2 4
  -   2 4
  ---------
```

(6)
```
    7 2 4
  -   2 4
  ---------
```

(7)
```
    5 3 9
  -   3 9
  ---------
```

(8)
```
    1 1 0
  -   1 0
  ---------
```

표준 완성 시간 5~6분　부모 확인란

평가 😊😊😊😊

오답수 아주 잘함 : 0~2　잘함 : 3~4　보통 : 5~7　노력 바람 : 8~

1. 다음을 계산하시오.

(1) $21+6+3=27+3=30$

(2) $15+14+7=$

(3) $13+21+8=$

(4) $17+23+4=$

(5) $31+16+3=$

(6) $37+24+2=$

(7) $29+13+6=$

(8) $48+22+5=$

(9) $59+32+17=$

(10) $49+16+8=$

2. 다음을 계산하시오.

(1) $17-9+23=$

(2) $14-6+9=$

(3) $15-7+20=$

(4) $18-9+27=$

(5) $13-4+25=$

(6) $28-15+5=$

(7) $41-18+6=$

(8) $32-19+8=$

(9) $45-36+18=$

(10) $57-28+12=$

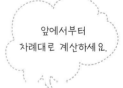

앞에서부터 차례대로 계산하세요.

계산의 순서

( )가 없는 세 수의
덧셈과 뺄셈의 혼합 계산 (2)

○ 월 ○ 일 이름

표준 완성 시간 5~6분

평가	☺	☺	☹	☹
오답수	아주 잘함: 0~2	잘함: 3~4	보통: 5~7	노력 바람: 8~

부모 확인란

1. 다음을 계산하시오.

(1) $18+23-8=41-8=33$

(2) $15+14-7=$

(3) $21+19-8=$

(4) $17+26-9=$

(5) $18+7-12=$

(6) $24+8-14=$

(7) $33+19-28=$

(8) $25+15-36=$

(9) $37+26-16=$

(10) $35+27-30=$

2. 다음을 계산하시오.

(1) $16-7-8=$

(2) $17-5-6=$

(3) $23-5-8=$

(4) $26-13-7=$

(5) $21-13-5=$

(6) $32-16-9=$

(7) $35-25-3=$

(8) $39-3-14=$

(9) $27-9-10=$

(10) $31-12-15=$

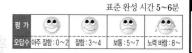
1. ( ) 안부터 먼저 계산하시오.

(1) $(12+4)+5=16+5=21$

(2) $(15+7)+4=$

(3) $(16+5)+6=$

(4) $(13+9)+8=$

(5) $(14+6)+7=$

(6) $(17-2)+9=$

(7) $(18-5)+6=$

(8) $(14-8)+3=$

(9) $(27-18)+7=$

(10) $(31-17)+6=$

2. ( ) 안부터 먼저 계산하시오.

(1) $(13+9)-3=$

(2) $(17+6)-9=$

(3) $(12+4)-8=$

(4) $(11+11)-17=$

(5) $(12+19)-14=$

(6) $(17-8)-7=$

(7) $(24-8)-6=$

(8) $(21-7)-8=$

(9) $(26-16)-1=$

(10) $(31-19)-4=$

( )안부터 먼저하는 것 잊지 마세요~

54회 계산의 순서

( )가 있는 세 수의
덧셈과 뺄셈의 혼합 계산 (2)   ○ 월 ○ 일 이름

1. ( ) 안부터 먼저 계산하시오.

(1) $12+(5+7)=12+12=24$

(2) $13+(8+3)=$

(3) $18+(5+8)=$

(4) $16+(4+9)=$

(5) $15+(7+9)=$

(6) $14+(9-3)=$

(7) $17+(13-3)=$

(8) $26+(15-8)=$

(9) $29+(13-4)=$

(10) $19+(15-7)=$

2. ( ) 안부터 먼저 계산하시오.

(1) $18-(5+4)=$

(2) $26-(6+9)=$

(3) $22-(6+7)=$

(4) $18-(8+8)=$

(5) $23-(9+8)=$

(6) $19-(7-2)=$

(7) $22-(6-3)=$

(8) $27-(10-6)=$

(9) $17-(11-3)=$

(10) $12-(13-7)=$

1. 그림을 보고, □ 안에 알맞은 수를 써 넣으시오.

(1)
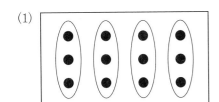

$3+3+3+3=\boxed{12}$

➡ $3 \times \boxed{4} = \boxed{}$

(2)

$5+5+5=\boxed{}$

➡ $5 \times \boxed{} = \boxed{}$

(3)
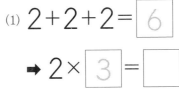

$4+4+4+4=\boxed{}$

➡ $4 \times \boxed{} = \boxed{}$

(4)
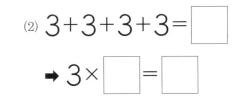

$6+6+6+6+6=\boxed{}$

➡ $6 \times \boxed{} = \boxed{}$

(5)
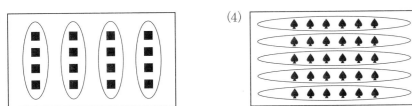

➡ $2 \times \boxed{} = \boxed{}$

(6)
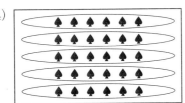

➡ $4 \times \boxed{} = \boxed{}$

2. □ 안에 알맞은 수를 써 넣으시오.

(1) $2+2+2=\boxed{6}$

➡ $2 \times \boxed{3} = \boxed{}$

(2) $3+3+3+3=\boxed{}$

➡ $3 \times \boxed{} = \boxed{}$

(3) $4+4+4=\boxed{}$

➡ $4 \times \boxed{} = \boxed{}$

(4) $5+5+5+5=\boxed{}$

➡ $5 \times \boxed{} = \boxed{}$

(5) $6+6+6+6=\boxed{}$

➡ $6 \times \boxed{} = \boxed{}$

(6) $7+7+7+7=\boxed{}$

➡ $7 \times \boxed{} = \boxed{}$

(7) $3+3+3=\boxed{}$ ➡ $\boxed{3} \times \boxed{3} = \boxed{}$

(8) $7+7+7+7+7=\boxed{}$ ➡ $\boxed{} \times \boxed{} = \boxed{}$

(9) $8+8+8+8+8=\boxed{}$ ➡ $\boxed{} \times \boxed{} = \boxed{}$

(10) $9+9+9+9+9+9+9=\boxed{}$

➡ $\boxed{} \times \boxed{} = \boxed{}$

표준 완성 시간 4~5분

부모 확인란

평가				
오답수	아주 잘함 : 0~1	잘함 : 2	보통 : 3	노력 바람 : 4~

○월 ○일 이름

1. 2의 단 곱셈구구를 외워 봅시다.

◆ ●이 2개씩 늘어납니다.

2의 단 곱셈구구

	$2 \times 0 = 0$ 이 영은 영
	$2 \times 1 = 2$ 이 일은 이
	$2 \times 2 = 4$ 이 이 는 사
	$2 \times 3 = 6$ 이 삼 은 육
	$2 \times 4 = 8$ 이 사 는 팔
	$2 \times 5 = 10$ 이 오 십
	$2 \times 6 = 12$ 이 육 십이
	$2 \times 7 = 14$ 이 칠 십사
	$2 \times 8 = 16$ 이 팔 십육
	$2 \times 9 = 18$ 이 구 십팔

2. 곱셈을 하시오.

(1) $2 \times 1 = \boxed{}$ (2) $2 \times 3 = \boxed{}$

(3) $2 \times 5 = \boxed{}$ (4) $2 \times 2 = \boxed{}$

(5) $2 \times 4 = \boxed{}$ (6) $2 \times 7 = \boxed{}$

(7) $2 \times 9 = \boxed{}$ (8) $2 \times 8 = \boxed{}$

(9) $2 \times 6 = \boxed{}$ (10) $2 \times 0 = \boxed{}$

3. ☐ 안에 알맞은 수를 써 넣으시오.

(1) $2 \times \boxed{} = 6$ (2) $2 \times \boxed{} = 18$

(3) $2 \times \boxed{} = 8$ (4) $2 \times \boxed{} = 0$

(5) $2 \times \boxed{} = 14$ (6) $2 \times \boxed{} = 2$

(7) $2 \times \boxed{} = 4$ (8) $2 \times \boxed{} = 10$

(9) $2 \times \boxed{} = 12$ (10) $2 \times \boxed{} = 16$

57회 곱셈구구

5의 단 곱셈구구

○월 ○일 이름

표준 완성 시간 4~5분

부모 확인란

평 가	😀	😀	😀	😀
오답수	아주 잘함 : 0~1	잘함 : 2	보통 : 3	노력 바람 : 4~

1. 5의 단 곱셈구구를 외워 봅시다.

⬇ ●이 5개씩 늘어납니다.

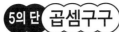 **5의 단 곱셈구구**

$5 \times 0 = 0$
오 영은영

$5 \times 1 = 5$
오 일은오

$5 \times 2 = 10$
오 이 십

$5 \times 3 = 15$
오 삼 십오

$5 \times 4 = 20$
오 사 이십

$5 \times 5 = 25$
오 오 이십오

$5 \times 6 = 30$
오 육 삼십

$5 \times 7 = 35$
오 칠 삼십오

$5 \times 8 = 40$
오 팔 사십

$5 \times 9 = 45$
오 구 사십오

2. 곱셈을 하시오.

(1) $5 \times 7 = $ ☐

(2) $5 \times 4 = $ ☐

(3) $5 \times 5 = $ ☐

(4) $5 \times 6 = $ ☐

(5) $5 \times 1 = $ ☐

(6) $5 \times 8 = $ ☐

(7) $5 \times 9 = $ ☐

(8) $5 \times 2 = $ ☐

(9) $5 \times 3 = $ ☐

(10) $5 \times 0 = $ ☐

3. ☐ 안에 알맞은 수를 써 넣으시오.

(1) $5 \times $ ☐ $= 35$

(2) $5 \times $ ☐ $= 30$

(3) $5 \times $ ☐ $= 0$

(4) $5 \times $ ☐ $= 40$

(5) $5 \times $ ☐ $= 5$

(6) $5 \times $ ☐ $= 20$

(7) $5 \times $ ☐ $= 10$

(8) $5 \times $ ☐ $= 25$

(9) $5 \times $ ☐ $= 45$

(10) $5 \times $ ☐ $= 15$

58회 곱셈구구
3의 단 곱셈구구
○ 월 ○ 일 이름

표준 완성 시간 4~5분 | 부모 확인란

평가	😊	😊	😐	😵
오답수	아주 잘함 : 0~1	잘함 : 2	보통 : 3	노력 바람 : 4~

1. 3의 단 곱셈구구를 외워 봅시다.

⬇ ●이 3개씩 늘어납니다.

3의 단 곱셈구구

	3×0=0 삼 영은영
	3×1=3 삼 일은삼
	3×2=6 삼 이는육
	3×3=9 삼 삼은구
	3×4=12 삼 사 십이
	3×5=10 삼 오 십오
	3×6=18 삼 육 십팔
	3×7=21 삼 칠 이십일
	3×8=24 삼 팔 이십사
	3×9=27 삼 구 이십칠

2. 곱셈을 하시오.

(1) $3 \times 5 =$ ☐

(2) $3 \times 3 =$ ☐

(3) $3 \times 8 =$ ☐

(4) $3 \times 1 =$ ☐

(5) $3 \times 2 =$ ☐

(6) $3 \times 3 =$ ☐

(7) $3 \times 7 =$ ☐

(8) $3 \times 4 =$ ☐

(9) $3 \times 9 =$ ☐

(10) $3 \times 6 =$ ☐

3. ☐ 안에 알맞은 수를 써 넣으시오.

(1) $3 \times$ ☐ $= 27$

(2) $3 \times$ ☐ $= 9$

(3) $3 \times$ ☐ $= 18$

(4) $3 \times$ ☐ $= 3$

(5) $3 \times$ ☐ $= 21$

(6) $3 \times$ ☐ $= 6$

(7) $3 \times$ ☐ $= 0$

(8) $3 \times$ ☐ $= 12$

(9) $3 \times$ ☐ $= 24$

(10) $3 \times$ ☐ $= 15$

59회 곱셈구구

4의 단 곱셈구구

 월 일 이름

평가	😊	😐	😟	😫
오답수	아주 잘함 : 0~1	잘함 : 2	보통 : 3	노력 바람 : 4~

1. 4의 단 곱셈구구를 외워 봅시다.

⬇ ●이 4개씩 늘어납니다.

4의 단 곱셈구구

	$4 \times 0 = 0$ 사 영은 영
	$4 \times 1 = 4$ 사 일은 사
	$4 \times 2 = 8$ 사 이 는 팔
	$4 \times 3 = 12$ 사 삼 십이
	$4 \times 4 = 16$ 사 사 십육
	$4 \times 5 = 20$ 사 오 이십
	$4 \times 6 = 24$ 사 육 이십사
	$4 \times 7 = 28$ 사 칠 이십팔
	$4 \times 8 = 32$ 사 팔 삼십이
	$4 \times 9 = 36$ 사 구 삼십육

2. 곱셈을 하시오.

(1) $4 \times 7 = \square$

(2) $4 \times 5 = \square$

(3) $4 \times 4 = \square$

(4) $4 \times 0 = \square$

(5) $4 \times 1 = \square$

(6) $4 \times 6 = \square$

(7) $4 \times 9 = \square$

(8) $4 \times 2 = \square$

(9) $4 \times 8 = \square$

(10) $4 \times 3 = \square$

3. □ 안에 알맞은 수를 써 넣으시오.

(1) $4 \times \square = 28$

(2) $4 \times \square = 32$

(3) $4 \times \square = 20$

(4) $4 \times \square = 12$

(5) $4 \times \square = 0$

(6) $4 \times \square = 24$

(7) $4 \times \square = 16$

(8) $4 \times \square = 8$

(9) $4 \times \square = 36$

(10) $4 \times \square = 4$

6의 단 곱셈구구

○월 ○일 이름

표준 완성 시간 4~5분

평가	😄	🙂	😐	😟
오답수	아주 잘함 : 0~1	잘함 : 2	보통 : 3	노력 바람 : 4~

부모 확인란

1. 6의 단 곱셈구구를 외워 봅시다.

⬇ ●이 6개씩 늘어납니다.

6의 단 곱셈구구

	$6 \times 0 = 0$ 육 영은영
	$6 \times 1 = 6$ 육 일은육
	$6 \times 2 = 12$ 육 이 십이
	$6 \times 3 = 18$ 육 삼 십팔
	$6 \times 4 = 24$ 육 사 이십사
	$6 \times 5 = 30$ 육 오 삼십
	$6 \times 6 = 36$ 육 육 삼십육
	$6 \times 7 = 42$ 육 칠 사십이
	$6 \times 8 = 48$ 육 팔 사십팔
	$6 \times 9 = 54$ 육 구 오십사

2. 곱셈을 하시오.

(1) $6 \times 7 =$ ☐

(2) $6 \times 5 =$ ☐

(3) $6 \times 4 =$ ☐

(4) $6 \times 3 =$ ☐

(5) $6 \times 9 =$ ☐

(6) $6 \times 1 =$ ☐

(7) $6 \times 2 =$ ☐

(8) $6 \times 8 =$ ☐

(9) $6 \times 6 =$ ☐

(10) $6 \times 0 =$ ☐

3. ☐ 안에 알맞은 수를 써 넣으시오.

(1) $6 \times$ ☐ $= 54$

(2) $6 \times$ ☐ $= 48$

(3) $6 \times$ ☐ $= 12$

(4) $6 \times$ ☐ $= 36$

(5) $6 \times$ ☐ $= 6$

(6) $6 \times$ ☐ $= 0$

(7) $6 \times$ ☐ $= 30$

(8) $6 \times$ ☐ $= 18$

(9) $6 \times$ ☐ $= 24$

(10) $6 \times$ ☐ $= 42$

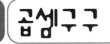 **61**회 곱셈구구

7의 단 곱셈구구

○월 ○일 이름

표준 완성 시간 4~5분

 부모 확인란

평가				
오답수	아주 잘함 : 0~1	잘함 : 2	보통 : 3	노력 바람 : 4~

1. 7의 단 곱셈구구를 외워 봅시다.

⬇ ●이 7개씩 늘어납니다.

7의 단 곱셈구구

	$7 \times 0 = 0$ 칠 영은 영
	$7 \times 1 = 7$ 칠 일은 칠
	$7 \times 2 = 14$ 칠 이 십사
	$7 \times 3 = 21$ 칠 삼 이십일
	$7 \times 4 = 28$ 칠 사 이십팔
	$7 \times 5 = 35$ 칠 오 삼십오
	$7 \times 6 = 42$ 칠 육 사십이
	$7 \times 7 = 49$ 칠 칠 사십구
	$7 \times 8 = 56$ 칠 팔 오십육
	$7 \times 9 = 63$ 칠 구 육십삼

2. 곱셈을 하시오.

(1) $7 \times 4 = \boxed{}$

(2) $7 \times 3 = \boxed{}$

(3) $7 \times 2 = \boxed{}$

(4) $7 \times 7 = \boxed{}$

(5) $7 \times 8 = \boxed{}$

(6) $7 \times 5 = \boxed{}$

(7) $7 \times 1 = \boxed{}$

(8) $7 \times 0 = \boxed{}$

(9) $7 \times 9 = \boxed{}$

(10) $7 \times 6 = \boxed{}$

3. ☐ 안에 알맞은 수를 써 넣으시오.

(1) $7 \times \boxed{} = 7$

(2) $7 \times \boxed{} = 21$

(3) $7 \times \boxed{} = 63$

(4) $7 \times \boxed{} = 35$

(5) $7 \times \boxed{} = 49$

(6) $7 \times \boxed{} = 28$

(7) $7 \times \boxed{} = 42$

(8) $7 \times \boxed{} = 56$

(9) $7 \times \boxed{} = 0$

(10) $7 \times \boxed{} = 14$

1. 8의 단 곱셈구구를 외워 봅시다.

⬇ ●이 8개씩 늘어납니다.

	$8 \times 0 = 0$ 팔　영은영
	$8 \times 1 = 8$ 팔　일은팔
	$8 \times 2 = 16$ 팔　이　십육
	$8 \times 3 = 24$ 팔　삼　이십사
	$8 \times 4 = 32$ 팔　사　삼십이
	$8 \times 5 = 40$ 팔　오　사십
	$8 \times 6 = 48$ 팔　육　사십팔
	$8 \times 7 = 56$ 팔　칠　오십육
	$8 \times 8 = 64$ 팔　팔　육십사
	$8 \times 9 = 72$ 팔　구　칠십이

2. 곱셈을 하시오.

(1) $8 \times 0 = $ ☐

(2) $8 \times 4 = $ ☐

(3) $8 \times 6 = $ ☐

(4) $8 \times 2 = $ ☐

(5) $8 \times 3 = $ ☐

(6) $8 \times 9 = $ ☐

(7) $8 \times 8 = $ ☐

(8) $8 \times 1 = $ ☐

(9) $8 \times 7 = $ ☐

(10) $8 \times 5 = $ ☐

3. ☐ 안에 알맞은 수를 써 넣으시오.

(1) $8 \times $ ☐ $ = 56$

(2) $8 \times $ ☐ $ = 72$

(3) $8 \times $ ☐ $ = 24$

(4) $8 \times $ ☐ $ = 32$

(5) $8 \times $ ☐ $ = 48$

(6) $8 \times $ ☐ $ = 8$

(7) $8 \times $ ☐ $ = 40$

(8) $8 \times $ ☐ $ = 16$

(9) $8 \times $ ☐ $ = 0$

(10) $8 \times $ ☐ $ = 64$

 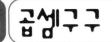

표준 완성 시간 4~5분

부모 확인란

평 가	😊	😊	😣	😫
오답수	아주 잘함 : 0~1	잘함 : 2	보통 : 3	노력 바람 : 4~

1. 9의 단 곱셈구구를 외워 봅시다.

⬇●이 9개씩 늘어납니다.

9의 단 곱셈구구

	$9 \times 0 = 0$ 구 영은영
	$9 \times 1 = 9$ 구 일은구
	$9 \times 2 = 18$ 구 이 십팔
	$9 \times 3 = 27$ 구 삼 이십칠
	$9 \times 4 = 36$ 구 사 삼십육
	$9 \times 5 = 45$ 구 오 사십오
	$9 \times 6 = 54$ 구 육 오십사
	$9 \times 7 = 63$ 구 칠 육십삼
	$9 \times 8 = 72$ 구 팔 칠십이
	$9 \times 9 = 81$ 구 구 팔십일

2. 곱셈을 하시오.

(1) $9 \times 5 = \boxed{}$

(2) $9 \times 6 = \boxed{}$

(3) $9 \times 4 = \boxed{}$

(4) $9 \times 2 = \boxed{}$

(5) $9 \times 9 = \boxed{}$

(6) $9 \times 0 = \boxed{}$

(7) $9 \times 1 = \boxed{}$

(8) $9 \times 8 = \boxed{}$

(9) $9 \times 7 = \boxed{}$

(10) $9 \times 3 = \boxed{}$

3. ☐ 안에 알맞은 수를 써 넣으시오.

(1) $9 \times \boxed{} = 18$

(2) $9 \times \boxed{} = 54$

(3) $9 \times \boxed{} = 27$

(4) $9 \times \boxed{} = 72$

(5) $9 \times \boxed{} = 0$

(6) $9 \times \boxed{} = 81$

(7) $9 \times \boxed{} = 9$

(8) $9 \times \boxed{} = 36$

(9) $9 \times \boxed{} = 63$

(10) $9 \times \boxed{} = 45$

64회 **곱셈구구**　　1의 단 곱셈구구와 0의 곱　　◯월 ◯일 이름

1. 1의 단 곱셈구구와 0의 곱을 알아봅시다.

1의 단 곱셈구구

$1 \times 0 = 0$
일　영은영

$1 \times 1 = 1$
일　일은일

$1 \times 2 = 2$
일　이　는이

$1 \times 3 = 3$
일　삼은삼

$1 \times 4 = 4$
일　사　는사

$1 \times 5 = 5$
일　오　는오

$1 \times 6 = 6$
일　육은육

$1 \times 7 = 7$
일　칠은칠

$1 \times 8 = 8$
일　팔은팔

$1 \times 9 = 9$
일　구　는구

0의 단 곱셈구구

$0 \times 0 = 0$
영　영은영

$0 \times 1 = 0$
영　일은영

$0 \times 2 = 0$
영　이　는영

$0 \times 3 = 0$
영　삼은영

$0 \times 4 = 0$
영　사　는영

$0 \times 5 = 0$
영　오　는영

$0 \times 6 = 0$
영　육은영

$0 \times 7 = 0$
영　칠은영

$0 \times 8 = 0$
영　팔은영

$0 \times 9 = 0$
영　구　는영

1의 곱은 자신이고, 0의 곱은 항상 0이구나!

2. 곱셈을 하시오.

(1) $1 \times 8 = \boxed{}$

(2) $1 \times 6 = \boxed{}$

(3) $1 \times 4 = \boxed{}$

(4) $1 \times 0 = \boxed{}$

(5) $1 \times 2 = \boxed{}$

(6) $1 \times 7 = \boxed{}$

(7) $1 \times 9 = \boxed{}$

(8) $1 \times 1 = \boxed{}$

(9) $1 \times 5 = \boxed{}$

(10) $1 \times 3 = \boxed{}$

3. 곱셈을 하시오.

(1) $0 \times 2 = \boxed{}$

(2) $0 \times 5 = \boxed{}$

(3) $0 \times 7 = \boxed{}$

(4) $0 \times 0 = \boxed{}$

(5) $0 \times 1 = \boxed{}$

(6) $0 \times 8 = \boxed{}$

(7) $0 \times 6 = \boxed{}$

(8) $0 \times 3 = \boxed{}$

(9) $0 \times 4 = \boxed{}$

(10) $0 \times 9 = \boxed{}$

65회 **곱셈구구**

0~3의 단 곱셈구구

◯월 ◯일 이름

1. 곱셈을 하시오.

(1) $2 \times 8 = \boxed{16}$

(2) $3 \times 2 = \square$

(3) $1 \times 6 = \square$

(4) $1 \times 5 = \square$

(5) $2 \times 4 = \square$

(6) $2 \times 1 = \square$

(7) $2 \times 6 = \square$

(8) $3 \times 8 = \square$

(9) $0 \times 5 = \square$

(10) $2 \times 7 = \square$

(11) $1 \times 7 = \square$

(12) $3 \times 9 = \square$

(13) $0 \times 1 = \square$

(14) $0 \times 6 = \square$

(15) $2 \times 5 = \square$

(16) $1 \times 9 = \square$

(17) $3 \times 6 = \square$

(18) $3 \times 3 = \square$

(19) $0 \times 9 = \square$

(20) $2 \times 0 = \square$

2. 곱셈을 하시오.

(1) $3 \times 1 = \square$

(2) $1 \times 8 = \square$

(3) $0 \times 2 = \square$

(4) $2 \times 9 = \square$

(5) $3 \times 7 = \square$

(6) $1 \times 0 = \square$

(7) $3 \times 0 = \square$

(8) $2 \times 3 = \square$

(9) $1 \times 3 = \square$

(10) $0 \times 4 = \square$

(11) $2 \times 2 = \square$

(12) $0 \times 7 = \square$

(13) $3 \times 4 = \square$

(14) $0 \times 3 = \square$

(15) $2 \times 7 = \square$

(16) $3 \times 5 = \square$

(17) $1 \times 2 = \square$

(18) $1 \times 4 = \square$

(19) $0 \times 0 = \square$

(20) $0 \times 8 = \square$

66회 곱셈구구

2~5의 단 곱셈구구

월 일 이름

표준 완성 시간 4~5분

부모 확인란

평가

오답수 | 아주 잘함 : 0~2 | 잘함 : 3~5 | 보통 : 6~8 | 노력 바람 : 9~

1. 곱셈을 하시오.

(1) $3 \times 3 = \boxed{9}$

(2) $4 \times 5 = \boxed{}$

(3) $2 \times 8 = \boxed{}$

(4) $5 \times 1 = \boxed{}$

(5) $2 \times 9 = \boxed{}$

(6) $3 \times 4 = \boxed{}$

(7) $5 \times 6 = \boxed{}$

(8) $4 \times 0 = \boxed{}$

(9) $3 \times 5 = \boxed{}$

(10) $2 \times 3 = \boxed{}$

(11) $3 \times 1 = \boxed{}$

(12) $3 \times 8 = \boxed{}$

(13) $2 \times 6 = \boxed{}$

(14) $3 \times 7 = \boxed{}$

(15) $4 \times 9 = \boxed{}$

(16) $5 \times 2 = \boxed{}$

(17) $2 \times 7 = \boxed{}$

(18) $4 \times 3 = \boxed{}$

(19) $5 \times 3 = \boxed{}$

(20) $3 \times 0 = \boxed{}$

2. 곱셈을 하시오.

(1) $4 \times 1 = \boxed{}$

(2) $2 \times 2 = \boxed{}$

(3) $2 \times 0 = \boxed{}$

(4) $3 \times 9 = \boxed{}$

(5) $3 \times 2 = \boxed{}$

(6) $4 \times 8 = \boxed{}$

(7) $5 \times 7 = \boxed{}$

(8) $2 \times 1 = \boxed{}$

(9) $5 \times 5 = \boxed{}$

(10) $2 \times 5 = \boxed{}$

(11) $4 \times 4 = \boxed{}$

(12) $5 \times 8 = \boxed{}$

(13) $4 \times 2 = \boxed{}$

(14) $3 \times 6 = \boxed{}$

(15) $5 \times 0 = \boxed{}$

(16) $4 \times 6 = \boxed{}$

(17) $2 \times 4 = \boxed{}$

(18) $5 \times 4 = \boxed{}$

(19) $5 \times 9 = \boxed{}$

(20) $4 \times 7 = \boxed{}$

1. 곱셈을 하시오.

(1) $3 \times 6 = \boxed{18}$

(2) $4 \times 8 = \square$

(3) $5 \times 3 = \square$

(4) $6 \times 1 = \square$

(5) $4 \times 0 = \square$

(6) $3 \times 3 = \square$

(7) $5 \times 6 = \square$

(8) $6 \times 3 = \square$

(9) $4 \times 4 = \square$

(10) $6 \times 2 = \square$

(11) $3 \times 5 = \square$

(12) $6 \times 7 = \square$

(13) $5 \times 1 = \square$

(14) $4 \times 5 = \square$

(15) $6 \times 0 = \square$

(16) $5 \times 8 = \square$

(17) $4 \times 9 = \square$

(18) $5 \times 5 = \square$

(19) $6 \times 6 = \square$

(20) $4 \times 1 = \square$

2. 곱셈을 하시오.

(1) $3 \times 4 = \square$

(2) $5 \times 7 = \square$

(3) $4 \times 2 = \square$

(4) $6 \times 5 = \square$

(5) $3 \times 8 = \square$

(6) $3 \times 2 = \square$

(7) $6 \times 4 = \square$

(8) $3 \times 0 = \square$

(9) $6 \times 8 = \square$

(10) $5 \times 4 = \square$

(11) $3 \times 7 = \square$

(12) $4 \times 6 = \square$

(13) $5 \times 0 = \square$

(14) $3 \times 9 = \square$

(15) $3 \times 1 = \square$

(16) $5 \times 2 = \square$

(17) $6 \times 9 = \square$

(18) $4 \times 7 = \square$

(19) $4 \times 3 = \square$

(20) $5 \times 9 = \square$

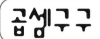 

1. 곱셈을 하시오.

(1) $5 \times 2 = \boxed{10}$

(2) $6 \times 3 = \square$

(3) $7 \times 2 = \square$

(4) $4 \times 8 = \square$

(5) $4 \times 3 = \square$

(6) $5 \times 6 = \square$

(7) $7 \times 6 = \square$

(8) $4 \times 7 = \square$

(9) $5 \times 7 = \square$

(10) $6 \times 5 = \square$

(11) $7 \times 0 = \square$

(12) $5 \times 8 = \square$

(13) $4 \times 4 = \square$

(14) $5 \times 3 = \square$

(15) $6 \times 6 = \square$

(16) $7 \times 4 = \square$

(17) $4 \times 9 = \square$

(18) $6 \times 8 = \square$

(19) $5 \times 5 = \square$

(20) $6 \times 1 = \square$

2. 곱셈을 하시오.

(1) $4 \times 0 = \square$

(2) $7 \times 1 = \square$

(3) $5 \times 1 = \square$

(4) $4 \times 2 = \square$

(5) $4 \times 6 = \square$

(6) $4 \times 5 = \square$

(7) $7 \times 3 = \square$

(8) $4 \times 1 = \square$

(9) $5 \times 0 = \square$

(10) $7 \times 8 = \square$

(11) $7 \times 9 = \square$

(12) $6 \times 9 = \square$

(13) $6 \times 2 = \square$

(14) $6 \times 7 = \square$

(15) $5 \times 4 = \square$

(16) $7 \times 7 = \square$

(17) $5 \times 9 = \square$

(18) $7 \times 5 = \square$

(19) $6 \times 0 = \square$

(20) $6 \times 4 = \square$

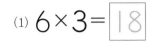
1. 곱셈을 하시오.

(1) $6 \times 3 = \boxed{18}$

(2) $4 \times 6 = \boxed{}$

(3) $5 \times 6 = \boxed{}$

(4) $6 \times 2 = \boxed{}$

(5) $4 \times 9 = \boxed{}$

(6) $7 \times 6 = \boxed{}$

(7) $7 \times 3 = \boxed{}$

(8) $8 \times 3 = \boxed{}$

(9) $8 \times 4 = \boxed{}$

(10) $5 \times 3 = \boxed{}$

(11) $5 \times 9 = \boxed{}$

(12) $6 \times 5 = \boxed{}$

(13) $6 \times 6 = \boxed{}$

(14) $5 \times 5 = \boxed{}$

(15) $7 \times 8 = \boxed{}$

(16) $4 \times 8 = \boxed{}$

(17) $5 \times 0 = \boxed{}$

(18) $8 \times 5 = \boxed{}$

(19) $4 \times 3 = \boxed{}$

(20) $6 \times 7 = \boxed{}$

2. 곱셈을 하시오.

(1) $8 \times 6 = \boxed{}$

(2) $6 \times 4 = \boxed{}$

(3) $7 \times 9 = \boxed{}$

(4) $7 \times 4 = \boxed{}$

(5) $5 \times 2 = \boxed{}$

(6) $8 \times 9 = \boxed{}$

(7) $4 \times 7 = \boxed{}$

(8) $8 \times 2 = \boxed{}$

(9) $8 \times 8 = \boxed{}$

(10) $7 \times 1 = \boxed{}$

(11) $8 \times 7 = \boxed{}$

(12) $4 \times 4 = \boxed{}$

(13) $7 \times 5 = \boxed{}$

(14) $5 \times 8 = \boxed{}$

(15) $6 \times 8 = \boxed{}$

(16) $6 \times 9 = \boxed{}$

(17) $5 \times 7 = \boxed{}$

(18) $5 \times 4 = \boxed{}$

(19) $4 \times 5 = \boxed{}$

(20) $7 \times 7 = \boxed{}$

70회 곱셈구구

6~9의 단 곱셈구구 (1)

월 일 이름

표준 완성 시간 4~5분

부모 확인란

평가	😊	😊	😊	😊
오답수	아주 잘함 : 0~2	잘함 : 3~5	보통 : 6~8	노력 바람 : 9~

1. 곱셈을 하시오.

(1) $8 \times 2 = 16$

(2) $9 \times 6 = $

(3) $7 \times 3 = $

(4) $8 \times 3 = $

(5) $6 \times 4 = $

(6) $7 \times 9 = $

(7) $9 \times 5 = $

(8) $6 \times 7 = $

(9) $8 \times 6 = $

(10) $7 \times 1 = $

(11) $7 \times 2 = $

(12) $8 \times 4 = $

(13) $9 \times 1 = $

(14) $9 \times 3 = $

(15) $9 \times 2 = $

(16) $7 \times 4 = $

(17) $7 \times 7 = $

(18) $6 \times 5 = $

(19) $6 \times 6 = $

(20) $8 \times 7 = $

2. 곱셈을 하시오.

(1) $6 \times 2 = $

(2) $6 \times 0 = $

(3) $8 \times 5 = $

(4) $9 \times 4 = $

(5) $8 \times 1 = $

(6) $8 \times 0 = $

(7) $6 \times 8 = $

(8) $9 \times 7 = $

(9) $9 \times 9 = $

(10) $6 \times 1 = $

(11) $8 \times 9 = $

(12) $7 \times 0 = $

(13) $7 \times 6 = $

(14) $8 \times 8 = $

(15) $6 \times 3 = $

(16) $9 \times 0 = $

(17) $6 \times 9 = $

(18) $7 \times 8 = $

(19) $7 \times 5 = $

(20) $9 \times 8 = $

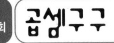

1. 곱셈을 하시오.

(1) $8 \times 3 = \boxed{24}$

(2) $9 \times 5 = \square$

(3) $6 \times 5 = \square$

(4) $6 \times 0 = \square$

(5) $7 \times 3 = \square$

(6) $7 \times 2 = \square$

(7) $8 \times 5 = \square$

(8) $7 \times 7 = \square$

(9) $9 \times 4 = \square$

(10) $9 \times 7 = \square$

(11) $6 \times 6 = \square$

(12) $8 \times 9 = \square$

(13) $8 \times 0 = \square$

(14) $7 \times 4 = \square$

(15) $6 \times 2 = \square$

(16) $6 \times 8 = \square$

(17) $7 \times 8 = \square$

(18) $9 \times 1 = \square$

(19) $8 \times 4 = \square$

(20) $8 \times 7 = \square$

2. 곱셈을 하시오.

(1) $6 \times 3 = \square$

(2) $9 \times 0 = \square$

(3) $7 \times 1 = \square$

(4) $9 \times 6 = \square$

(5) $8 \times 2 = \square$

(6) $6 \times 7 = \square$

(7) $9 \times 9 = \square$

(8) $7 \times 0 = \square$

(9) $8 \times 6 = \square$

(10) $9 \times 8 = \square$

(11) $7 \times 6 = \square$

(12) $9 \times 2 = \square$

(13) $6 \times 1 = \square$

(14) $7 \times 9 = \square$

(15) $6 \times 9 = \square$

(16) $9 \times 3 = \square$

(17) $7 \times 5 = \square$

(18) $6 \times 4 = \square$

(19) $8 \times 1 = \square$

(20) $8 \times 8 = \square$

72회 곱셈구구

2~9의 단 곱셈구구 (1)

월 일 이름

표준 완성 시간 4~5분

부모 확인란

평가	😀	🙂	😐	😞
오답수	아주 잘함 : 0~2	잘함 : 3~5	보통 : 6~8	노력 바람 : 9~

1. 곱셈을 하시오.

(1) $2 \times 7 = 14$

(2) $4 \times 8 =$

(3) $3 \times 8 =$

(4) $5 \times 7 =$

(5) $4 \times 5 =$

(6) $3 \times 6 =$

(7) $7 \times 6 =$

(8) $4 \times 7 =$

(9) $9 \times 4 =$

(10) $5 \times 2 =$

(11) $6 \times 3 =$

(12) $7 \times 2 =$

(13) $2 \times 5 =$

(14) $9 \times 5 =$

(15) $3 \times 4 =$

(16) $8 \times 3 =$

(17) $9 \times 7 =$

(18) $2 \times 3 =$

(19) $5 \times 5 =$

(20) $4 \times 6 =$

2. 곱셈을 하시오.

(1) $6 \times 5 =$

(2) $8 \times 6 =$

(3) $7 \times 9 =$

(4) $7 \times 7 =$

(5) $2 \times 8 =$

(6) $2 \times 9 =$

(7) $3 \times 9 =$

(8) $6 \times 9 =$

(9) $6 \times 8 =$

(10) $5 \times 6 =$

(11) $7 \times 4 =$

(12) $6 \times 7 =$

(13) $8 \times 7 =$

(14) $7 \times 5 =$

(15) $9 \times 8 =$

(16) $3 \times 7 =$

(17) $7 \times 8 =$

(18) $5 \times 8 =$

(19) $5 \times 4 =$

(20) $8 \times 9 =$

월 일 이름

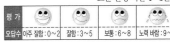

평가	😊	😊	😣	😣
오답수	아주 잘함 : 0~2	잘함 : 3~5	보통 : 6~8	노력 바람 : 9~

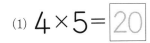

1. 곱셈을 하시오.

(1) $4 \times 5 = \boxed{20}$

(2) $3 \times 9 = \boxed{}$

(3) $5 \times 8 = \boxed{}$

(4) $4 \times 3 = \boxed{}$

(5) $7 \times 7 = \boxed{}$

(6) $3 \times 3 = \boxed{}$

(7) $8 \times 3 = \boxed{}$

(8) $2 \times 8 = \boxed{}$

(9) $9 \times 5 = \boxed{}$

(10) $4 \times 8 = \boxed{}$

(11) $2 \times 7 = \boxed{}$

(12) $6 \times 6 = \boxed{}$

(13) $5 \times 7 = \boxed{}$

(14) $7 \times 3 = \boxed{}$

(15) $6 \times 9 = \boxed{}$

(16) $8 \times 6 = \boxed{}$

(17) $8 \times 8 = \boxed{}$

(18) $9 \times 7 = \boxed{}$

(19) $9 \times 9 = \boxed{}$

(20) $6 \times 4 = \boxed{}$

2. 곱셈을 하시오.

(1) $2 \times 3 = \boxed{}$

(2) $4 \times 7 = \boxed{}$

(3) $4 \times 4 = \boxed{}$

(4) $2 \times 9 = \boxed{}$

(5) $5 \times 3 = \boxed{}$

(6) $4 \times 9 = \boxed{}$

(7) $7 \times 9 = \boxed{}$

(8) $6 \times 7 = \boxed{}$

(9) $5 \times 9 = \boxed{}$

(10) $8 \times 7 = \boxed{}$

(11) $5 \times 5 = \boxed{}$

(12) $6 \times 8 = \boxed{}$

(13) $6 \times 5 = \boxed{}$

(14) $9 \times 8 = \boxed{}$

(15) $7 \times 8 = \boxed{}$

(16) $2 \times 6 = \boxed{}$

(17) $3 \times 7 = \boxed{}$

(18) $3 \times 8 = \boxed{}$

(19) $4 \times 6 = \boxed{}$

(20) $7 \times 6 = \boxed{}$

1. 곱셈을 하시오.

(1) $4 \times 7 = 28$

(2) $9 \times 6 = \square$

(3) $3 \times 9 = \square$

(4) $7 \times 3 = \square$

(5) $6 \times 8 = \square$

(6) $7 \times 8 = \square$

(7) $9 \times 5 = \square$

(8) $6 \times 6 = \square$

(9) $8 \times 6 = \square$

(10) $7 \times 6 = \square$

(11) $5 \times 5 = \square$

(12) $3 \times 7 = \square$

(13) $2 \times 6 = \square$

(14) $4 \times 4 = \square$

(15) $3 \times 5 = \square$

(16) $5 \times 2 = \square$

(17) $4 \times 2 = \square$

(18) $9 \times 3 = \square$

(19) $6 \times 2 = \square$

(20) $8 \times 9 = \square$

2. 곱셈을 하시오.

(1) $9 \times 7 = \square$

(2) $3 \times 3 = \square$

(3) $2 \times 3 = \square$

(4) $6 \times 4 = \square$

(5) $4 \times 9 = \square$

(6) $5 \times 7 = \square$

(7) $5 \times 9 = \square$

(8) $7 \times 7 = \square$

(9) $6 \times 7 = \square$

(10) $9 \times 8 = \square$

(11) $8 \times 8 = \square$

(12) $2 \times 7 = \square$

(13) $8 \times 7 = \square$

(14) $6 \times 9 = \square$

(15) $9 \times 9 = \square$

(16) $2 \times 5 = \square$

(17) $4 \times 8 = \square$

(18) $5 \times 4 = \square$

(19) $2 \times 8 = \square$

(20) $7 \times 9 = \square$

75회 곱셈구구 정리

0~9의 단 곱셈구구 (1)

 월 일 이름

표준 완성 시간 4~5분

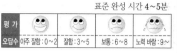

1. 곱셈을 하시오.

(1) $1 \times 7 = \boxed{7}$

(2) $4 \times 7 = \boxed{}$

(3) $5 \times 7 = \boxed{}$

(4) $5 \times 2 = \boxed{}$

(5) $6 \times 5 = \boxed{}$

(6) $9 \times 8 = \boxed{}$

(7) $7 \times 6 = \boxed{}$

(8) $3 \times 6 = \boxed{}$

(9) $8 \times 6 = \boxed{}$

(10) $4 \times 8 = \boxed{}$

(11) $9 \times 1 = \boxed{}$

(12) $6 \times 7 = \boxed{}$

(13) $1 \times 0 = \boxed{}$

(14) $7 \times 2 = \boxed{}$

(15) $2 \times 3 = \boxed{}$

(16) $0 \times 4 = \boxed{}$

(17) $4 \times 5 = \boxed{}$

(18) $3 \times 3 = \boxed{}$

(19) $5 \times 9 = \boxed{}$

(20) $4 \times 9 = \boxed{}$

(21) $7 \times 9 = \boxed{}$

(22) $1 \times 5 = \boxed{}$

(23) $0 \times 6 = \boxed{}$

(24) $3 \times 8 = \boxed{}$

(25) $1 \times 9 = \boxed{}$

(26) $9 \times 5 = \boxed{}$

2. 곱셈을 하시오.

(1) $2 \times 5 = \boxed{}$

(2) $3 \times 7 = \boxed{}$

(3) $4 \times 6 = \boxed{}$

(4) $1 \times 8 = \boxed{}$

(5) $5 \times 6 = \boxed{}$

(6) $2 \times 9 = \boxed{}$

(7) $6 \times 9 = \boxed{}$

(8) $8 \times 7 = \boxed{}$

(9) $8 \times 2 = \boxed{}$

(10) $9 \times 7 = \boxed{}$

(11) $5 \times 1 = \boxed{}$

(12) $2 \times 7 = \boxed{}$

(13) $4 \times 2 = \boxed{}$

(14) $0 \times 9 = \boxed{}$

(15) $2 \times 6 = \boxed{}$

(16) $5 \times 5 = \boxed{}$

(17) $3 \times 9 = \boxed{}$

(18) $6 \times 3 = \boxed{}$

(19) $7 \times 8 = \boxed{}$

(20) $7 \times 5 = \boxed{}$

(21) $8 \times 8 = \boxed{}$

(22) $9 \times 4 = \boxed{}$

(23) $9 \times 9 = \boxed{}$

(24) $2 \times 8 = \boxed{}$

(25) $7 \times 4 = \boxed{}$

(26) $6 \times 8 = \boxed{}$

76회 곱셈구구 정리

0~9의 단 곱셈구구 (2)

○ 월 ○ 일 이름

1. 곱셈을 하시오.

(1) $5 \times 8 = \boxed{40}$

(2) $3 \times 0 = \boxed{}$

(3) $4 \times 4 = \boxed{}$

(4) $4 \times 2 = \boxed{}$

(5) $3 \times 6 = \boxed{}$

(6) $0 \times 4 = \boxed{}$

(7) $2 \times 4 = \boxed{}$

(8) $9 \times 7 = \boxed{}$

(9) $7 \times 6 = \boxed{}$

(10) $6 \times 7 = \boxed{}$

(11) $8 \times 4 = \boxed{}$

(12) $7 \times 3 = \boxed{}$

(13) $0 \times 7 = \boxed{}$

(14) $8 \times 2 = \boxed{}$

(15) $1 \times 6 = \boxed{}$

(16) $4 \times 7 = \boxed{}$

(17) $6 \times 9 = \boxed{}$

(18) $2 \times 8 = \boxed{}$

(19) $9 \times 5 = \boxed{}$

(20) $3 \times 3 = \boxed{}$

(21) $8 \times 7 = \boxed{}$

(22) $5 \times 6 = \boxed{}$

(23) $6 \times 3 = \boxed{}$

(24) $6 \times 4 = \boxed{}$

(25) $5 \times 1 = \boxed{}$

(26) $7 \times 5 = \boxed{}$

2. 곱셈을 하시오.

(1) $4 \times 8 = \boxed{}$

(2) $0 \times 8 = \boxed{}$

(3) $6 \times 2 = \boxed{}$

(4) $1 \times 9 = \boxed{}$

(5) $7 \times 4 = \boxed{}$

(6) $2 \times 5 = \boxed{}$

(7) $9 \times 2 = \boxed{}$

(8) $3 \times 9 = \boxed{}$

(9) $9 \times 8 = \boxed{}$

(10) $5 \times 7 = \boxed{}$

(11) $4 \times 6 = \boxed{}$

(12) $6 \times 8 = \boxed{}$

(13) $5 \times 3 = \boxed{}$

(14) $7 \times 7 = \boxed{}$

(15) $1 \times 3 = \boxed{}$

(16) $8 \times 6 = \boxed{}$

(17) $2 \times 7 = \boxed{}$

(18) $9 \times 6 = \boxed{}$

(19) $7 \times 8 = \boxed{}$

(20) $0 \times 9 = \boxed{}$

(21) $8 \times 9 = \boxed{}$

(22) $1 \times 7 = \boxed{}$

(23) $9 \times 9 = \boxed{}$

(24) $5 \times 9 = \boxed{}$

(25) $3 \times 8 = \boxed{}$

(26) $8 \times 8 = \boxed{}$

표준 완성 시간 4~5분

부모 확인란

평가	😄	🙂	😐	😫
오답수	아주 잘함 : 0~2	잘함 : 3~5	보통 : 6~8	노력 바람 : 9~

77회 **곱셈구구 정리**   0~9의 단 곱셈구구 (3) ◯월 ◯일 이름

1. 곱셈을 하시오.

(1) $4 \times 8 = 32$

(2) $6 \times 7 = $

(3) $5 \times 6 = $

(4) $7 \times 8 = $

(5) $6 \times 4 = $

(6) $2 \times 5 = $

(7) $7 \times 7 = $

(8) $3 \times 6 = $

(9) $8 \times 9 = $

(10) $4 \times 2 = $

(11) $1 \times 2 = $

(12) $5 \times 8 = $

(13) $7 \times 0 = $

(14) $6 \times 6 = $

(15) $4 \times 9 = $

(16) $7 \times 4 = $

(17) $5 \times 7 = $

(18) $9 \times 5 = $

(19) $0 \times 5 = $

(20) $8 \times 4 = $

(21) $1 \times 8 = $

(22) $3 \times 5 = $

(23) $2 \times 9 = $

(24) $4 \times 7 = $

(25) $5 \times 4 = $

(26) $9 \times 6 = $

2. 곱셈을 하시오.

(1) $5 \times 5 = $

(2) $9 \times 8 = $

(3) $0 \times 8 = $

(4) $1 \times 5 = $

(5) $2 \times 3 = $

(6) $0 \times 7 = $

(7) $3 \times 7 = $

(8) $2 \times 7 = $

(9) $4 \times 4 = $

(10) $3 \times 4 = $

(11) $5 \times 2 = $

(12) $5 \times 9 = $

(13) $9 \times 7 = $

(14) $6 \times 9 = $

(15) $7 \times 2 = $

(16) $7 \times 6 = $

(17) $8 \times 6 = $

(18) $2 \times 8 = $

(19) $8 \times 8 = $

(20) $3 \times 9 = $

(21) $7 \times 5 = $

(22) $4 \times 5 = $

(23) $4 \times 6 = $

(24) $6 \times 8 = $

(25) $2 \times 6 = $

(26) $7 \times 9 = $

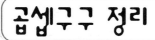 
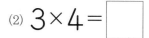
1. 곱셈을 하시오.

(1) $4 \times 8 =$

(2) $1 \times 1 =$

(3) $5 \times 5 =$

(4) $2 \times 9 =$

(5) $6 \times 7 =$

(6) $9 \times 6 =$

(7) $7 \times 4 =$

(8) $6 \times 5 =$

(9) $8 \times 5 =$

(10) $4 \times 9 =$

(11) $6 \times 4 =$

(12) $7 \times 9 =$

(13) $2 \times 7 =$

(14) $2 \times 4 =$

(15) $0 \times 3 =$

(16) $4 \times 5 =$

(17) $4 \times 4 =$

(18) $8 \times 7 =$

(19) $1 \times 7 =$

(20) $3 \times 5 =$

(21) $8 \times 8 =$

(22) $4 \times 7 =$

(23) $9 \times 1 =$

(24) $7 \times 8 =$

(25) $5 \times 0 =$

(26) $9 \times 4 =$

2. 곱셈을 하시오.

(1) $8 \times 3 =$

(2) $3 \times 4 =$

(3) $4 \times 2 =$

(4) $7 \times 2 =$

(5) $1 \times 6 =$

(6) $0 \times 7 =$

(7) $5 \times 6 =$

(8) $3 \times 8 =$

(9) $2 \times 8 =$

(10) $6 \times 9 =$

(11) $0 \times 5 =$

(12) $3 \times 9 =$

(13) $9 \times 3 =$

(14) $4 \times 6 =$

(15) $6 \times 3 =$

(16) $5 \times 7 =$

(17) $3 \times 7 =$

(18) $7 \times 7 =$

(19) $9 \times 8 =$

(20) $3 \times 6 =$

(21) $7 \times 6 =$

(22) $8 \times 6 =$

(23) $5 \times 9 =$

(24) $9 \times 7 =$

(25) $6 \times 8 =$

(26) $5 \times 8 =$

1. 곱셈을 하시오.

(1) $4 \times 7 =$

(2) $2 \times 7 =$

(3) $5 \times 8 =$

(4) $3 \times 8 =$

(5) $6 \times 9 =$

(6) $7 \times 6 =$

(7) $2 \times 5 =$

(8) $5 \times 3 =$

(9) $9 \times 7 =$

(10) $6 \times 8 =$

(11) $3 \times 4 =$

(12) $9 \times 4 =$

(13) $7 \times 7 =$

(14) $0 \times 2 =$

(15) $8 \times 9 =$

(16) $4 \times 6 =$

(17) $6 \times 7 =$

(18) $9 \times 0 =$

(19) $7 \times 9 =$

(20) $7 \times 4 =$

(21) $3 \times 5 =$

(22) $8 \times 6 =$

(23) $9 \times 2 =$

(24) $7 \times 2 =$

(25) $1 \times 4 =$

(26) $4 \times 9 =$

2. 곱셈표를 만들어 보시오.

×	0	1	2	3	4	5	6	7	8	9
0										
1				3						
2										
3								21		
4										
5										
6										
7										
8										
9										

　　　분　　　초

🌼 틀린 계산은 아래에 써서 다시 해 보시오.

_____ × _____ = _____

_____ × _____ = _____

얼마나 빠른지
시간을 재보세요.

1. 두 수의 곱셈을 하여 빈 칸에 알맞은 수를 써 넣으시오.

(1)

×	4	0	6	3	8	9	5	1	7	2
2		0								
8										

(2)

×	3	9	1	5	0	4	8	2	7	6
3										
7										

(3)

×	2	6	3	9	1	7	0	8	4	5
4										
9										

2. 두 수의 곱셈을 하여 빈 칸에 알맞은 수를 써 넣으시오.

(1)

×	9	1	4	8	0	6	5	2	7	3
7										
5										

(2)

×	8	6	3	2	9	5	1	0	7	4
8										
4										

(3)

×	5	8	6	0	7	1	4	9	3	2
6										
9										

❀ 틀린 계산은 아래에 써서 다시 해 보시오.

___ × ___ = ___   ___ × ___ = ___

___ × ___ = ___   ___ × ___ = ___

❀ 틀린 계산은 아래에 써서 다시 해 보시오.

___ × ___ = ___   ___ × ___ = ___

___ × ___ = ___   ___ × ___ = ___

1. 두 수의 곱셈을 하여 빈 칸에 알맞은 수를 써 넣으시오.

(1)

×	8	4	5	2	6	1	7	9	0	3
5		20								
9										

(2)

×	1	8	6	4	9	0	7	5	2	3
4										
8										

(3)

×	5	3	6	1	8	2	9	4	0	7
3										
6										

2. 두 수의 곱셈을 하여 빈 칸에 알맞은 수를 써 넣으시오.

(1)

×	8	3	4	2	9	1	7	0	6	5
7										
2										

(2)

×	6	3	2	5	4	0	9	1	7	8
3										
9										

(3)

×	0	7	5	8	1	4	2	9	3	6
5										
8										

❋ 틀린 계산은 아래에 써서 다시 해 보시오.

_____ × _____ = _____   _____ × _____ = _____

_____ × _____ = _____   _____ × _____ = _____

❋ 틀린 계산은 아래에 써서 나시 해 보시오.

_____ × _____ = _____   _____ × _____ = _____

_____ × _____ = _____   _____ × _____ = _____

82회 빈칸 채우기 3 30칸 곱셈 (1)

○월 ○일 이름

1. 두 수의 곱셈을 하여 빈 칸에 알맞은 수를 써 넣으시오.

(1)

×	8	4	1	7	5	2	6	9	0	3
8		32								
1										
4										

(2)

×	3	7	4	2	8	6	9	1	0	5
6										
3										
9										

(3)

×	5	1	6	2	4	3	8	7	9	0
5										
2										
7										

2. 두 수의 곱셈을 하여 빈 칸에 알맞은 수를 써 넣으시오.

(1)

×	6	5	8	2	4	7	1	9	0	3
8										
5										
2										

(2)

×	6	2	9	5	1	8	0	4	7	3
4										
7										
1										

(3)

×	2	6	0	8	4	7	1	9	3	5
9										
3										
6										

1. 두 수의 곱셈을 하여 빈 칸에 알맞은 수를 써 넣으시오.

(1)

×	6	8	4	5	1	0	9	3	7	2
5		40								
2										
7										

(2)

×	7	3	6	8	1	0	4	9	5	2
4										
9										
1										

(3)

×	2	7	5	0	8	4	1	9	3	6
6										
8										
3										

2. 두 수의 곱셈을 하여 빈 칸에 알맞은 수를 써 넣으시오.

(1)

×	8	5	4	6	1	0	9	3	2	7
5										
8										
2										

(2)

×	6	4	0	9	3	7	1	5	2	8
6										
3										
9										

(3)

×	0	8	4	7	2	9	1	6	3	5
7										
1										
4										

빈칸 채우기 3   50칸 곱셈 (1)   ○ 월   ○ 일 이름

1. 두 수의 곱셈을 하여 빈 칸에 알맞은 수를 써 넣으시오.

(1)

×	4	8	3	9	7	5	0	6	2	1
2		16								
1										
5										
9										
7										

(2)

×	6	5	2	8	1	4	7	0	9	3
6										
3										
8										
0										
4										

2. 두 수의 곱셈을 하여 빈 칸에 알맞은 수를 써 넣으시오.

(1)

×	5	8	2	1	6	4	7	0	9	3
5										
0										
7										
9										
2										

(2)

×	6	2	9	1	7	0	5	3	4	8
3										
6										
1										
8										
4										

❀ 틀린 계산은 아래에 써서 다시 해 보시오.

___ × ___ = ___   ___ × ___ = ___

❀ 틀린 계산은 아래에 써서 다시 해 보시오.

___ × ___ = ___   ___ × ___ = ___

85회 빈칸 채우기3

50칸 곱셈 (2)

◯월 ◯일 이름

평가	😊	😊	😐	😣
오답수	아주 잘함 : 0~3	잘함 : 4~6	보통 : 7~9	노력 바람 : 10~

1. 두 수의 곱셈을 하여 빈 칸에 알맞은 수를 써 넣으시오.

(1)

×	1	7	4	0	8	6	3	9	2	5
3		21								
1										
7										
9										
5										

(2)

×	6	4	7	1	0	5	3	8	2	9
6										
0										
4										
8										
2										

2. 두 수의 곱셈을 하여 빈 칸에 알맞은 수를 써 넣으시오.

(1)

×	3	5	7	0	4	9	6	1	8	2
7										
0										
6										
9										
3										

(2)

×	4	9	0	5	7	2	6	1	8	3
2										
5										
8										
1										
4										

❀ 틀린 계산은 아래에 써서 다시 해 보시오.

___ × ___ = ___   ___ × ___ = ___

❀ 틀린 계산은 아래에 써서 다시 해 보시오.

___ × ___ = ___   ___ × ___ = ___

표준 완성 시간 5~6분

평가				
오답수	아주 잘함 : 0~3	잘함 : 4~6	보통 : 7~9	노력 바람 : 10~

1. 두 수의 곱셈을 하여 빈 칸에 알맞은 수를 써 넣으시오.

×	8	6	1	7	0	4	9	3	2	5
5		30								
2										
7										
0										
4										
9										
1										
6										
3										
8										

2. 두 수의 곱셈을 하여 빈 칸에 알맞은 수를 써 넣으시오.

×	3	1	7	0	4	8	6	2	9	5
7										
3										
8										
6										
0										
2										
9										
1										
4										

[ ] 분 [ ] 초

❋ 틀린 계산은 아래에 써서 다시 해 보시오.

____ × ____ = ____   ____ × ____ = ____

____ × ____ = ____   ____ × ____ = ____

❋ 틀린 계산은 아래에 써서 다시 해 보시오.

____ × ____ = ____

____ × ____ = ____

얼마나 빠른지
시간을 재보세요.

정답

3쪽

1. (1) 5　(2) 9　(3) 4　(4) 7
(5) 8　(6) 7　(7) 8　(8) 4
(9) 7　(10) 5　(11) 8　(12) 8
(13) 9　(14) 8　(15) 6　(16) 8
(17) 8　(18) 4　(19) 9　(20) 9

2. (1) 10　(2) 6　(3) 10　(4) 10
(5) 7　(6) 6　(7) 10　(8) 9
(9) 10　(10) 6　(11) 5　(12) 9
(13) 10　(14) 10　(15) 7　(16) 6
(17) 10　(18) 9　(19) 9　(20) 10

4쪽

1. (1) 13　(2) 11　(3) 12　(4) 14
(5) 11　(6) 15　(7) 12　(8) 15
(9) 17　(10) 11　(11) 8　(12) 14
(13) 14　(14) 16　(15) 12　(16) 13
(17) 12　(18) 17　(19) 14　(20) 15

2. (1) 13　(2) 10　(3) 10　(4) 14
(5) 11　(6) 12　(7) 13　(8) 16
(9) 11　(10) 11　(11) 12　(12) 16
(13) 13　(14) 11　(15) 11　(16) 15
(17) 10　(18) 13　(19) 10　(20) 18

5쪽

1. (1) 15　(2) 12　(3) 11　(4) 9
(5) 11　(6) 14　(7) 12　(8) 14
(9) 10　(10) 12　(11) 12　(12) 11
(13) 14　(14) 12　(15) 10　(16) 10
(17) 12　(18) 10　(19) 14　(20) 16

2. (1) 10　(2) 10　(3) 12　(4) 11
(5) 16　(6) 17　(7) 11　(8) 10
(9) 13　(10) 12　(11) 13　(12) 10
(13) 13　(14) 13　(15) 15　(16) 15
(17) 9　(18) 13　(19) 18　(20) 10

6쪽

1. (1)

+	2	7	0	5	1	6	9	4	3	8
5	7	12	5	10	6	11	14	9	8	13
7	9	14	7	12	8	13	16	11	10	15
3	5	10	3	8	4	9	12	7	6	11

(2)

+	4	7	1	5	0	9	2	6	8	3
4	8	11	5	9	4	13	6	10	12	7
1	5	8	2	6	1	10	3	7	9	4
8	12	15	9	13	8	17	10	14	16	11

(3)

+	6	1	8	4	2	7	9	0	3	5
2	8	3	10	6	4	9	11	2	5	7
9	15	10	17	13	11	16	18	9	12	14
6	12	7	14	10	8	13	15	6	9	11

2. (1)

+	3	0	9	7	1	4	6	2	8	5
4	7	4	13	11	5	8	10	6	12	9
1	4	1	10	8	2	5	7	3	9	6
9	12	9	18	16	10	13	15	11	17	14

(2)

+	4	1	6	7	2	0	3	9	5	8
7	11	8	13	14	9	7	10	16	12	15
2	6	3	8	9	4	2	5	11	7	10
5	9	6	11	12	7	5	8	14	10	13

(3)

+	8	0	2	9	5	7	1	3	6	4
3	11	3	5	12	8	10	4	6	9	7
8	16	8	10	17	13	15	9	11	14	12
6	14	6	8	15	11	13	7	9	12	10

7쪽

1. (1)

+	4	2	9	0	6	8	1	5	7	3
7	11	9	16	7	13	15	8	12	14	10
4	8	6	13	4	10	12	5	9	11	7
2	6	4	11	2	8	10	3	7	9	5

(2)

+	9	4	2	8	3	6	7	0	1	5
5	14	9	7	13	8	11	12	5	6	10
1	10	5	3	9	4	7	8	1	2	6
8	17	12	10	16	11	14	15	8	9	13

(3)

+	1	3	7	5	0	8	4	2	9	6
3	4	6	10	8	3	11	7	5	12	9
9	10	12	16	14	9	17	13	11	18	15
6	7	9	13	11	6	14	10	8	15	12

2. (1)

+	9	4	1	6	0	5	7	2	8	3
7	16	11	8	13	7	12	14	9	15	10
1	10	5	2	7	1	6	8	3	9	4
5	14	9	6	11	5	10	12	7	13	8

(2)

+	3	0	5	1	7	9	6	2	8	4
2	5	2	7	3	9	11	8	4	10	6
8	11	8	13	9	15	17	14	10	16	12
4	7	4	9	5	11	13	10	6	12	8

(3)

+	8	1	7	4	0	6	3	5	9	2
6	14	7	13	10	6	12	9	11	15	8
9	17	10	16	13	9	15	12	14	18	11
3	11	4	10	7	3	9	6	8	12	5

8쪽

1. (1)

+	2	5	8	3	0	6	1	7	9	4
4	6	9	12	7	4	10	5	11	13	8
2	4	7	10	5	2	8	3	9	11	6
0	2	5	8	3	0	6	1	7	9	4
7	9	12	15	10	7	13	8	14	16	11
8	10	13	16	11	8	14	9	15	17	12

(2)

+	1	5	9	6	4	0	7	2	8	3
3	4	8	12	9	7	3	10	5	11	6
5	6	10	14	11	9	5	12	7	13	8
6	7	11	15	12	10	6	13	8	14	9
9	10	14	18	15	13	9	16	11	17	12

2. (1)

+	6	2	8	1	4	9	7	0	3	5
2	8	4	10	3	6	11	9	2	5	7
9	15	11	17	10	13	18	16	9	12	14
0	6	2	8	1	4	9	7	0	3	5
7	13	9	15	8	11	16	14	7	10	12
4	10	6	12	5	8	13	11	4	7	9

(2)

+	3	7	2	6	1	8	5	0	9	4
3	6	10	5	9	4	11	8	3	12	7
6	9	13	8	12	7	14	11	6	15	10
8	11	15	10	14	9	16	13	8	17	12
1	4	8	3	7	2	9	6	1	10	5
5	8	12	7	11	6	13	10	5	14	9

9쪽

1. (1)

+	5	2	0	1	7	3	9	6	4	8
6	11	8	6	7	13	9	15	12	10	14
4	9	6	4	5	11	7	13	10	8	12
0	5	2	0	1	7	3	9	6	4	8
8	13	10	8	9	15	11	17	14	12	16
2	7	4	2	3	9	5	11	8	6	10

(2)

+	7	5	9	1	3	6	0	8	2	4
3	10	8	12	4	6	9	3	11	5	7
5	12	10	14	6	8	11	5	13	7	9
1	8	6	10	2	4	7	1	9	3	5
7	14	12	16	8	10	13	7	15	9	11
9	16	14	18	10	12	15	9	17	11	13

2. (1)

+	3	1	0	5	9	6	2	4	7	8
3	6	4	3	8	12	9	5	7	10	11
0	3	1	0	5	9	6	2	4	7	8
8	11	9	8	13	17	14	10	12	15	16
5	8	6	5	10	14	11	7	9	12	13
7	10	8	7	12	16	13	9	11	14	15

(2)

+	5	7	1	3	0	8	6	2	4	9
2	7	9	3	5	2	10	8	4	6	11
4	9	11	5	7	4	12	10	6	8	13
1	6	8	2	4	1	9	7	3	5	10
9	14	16	10	12	9	17	15	11	13	18
6	11	13	7	9	6	14	12	8	10	15

1.

+	2	7	1	9	8	0	6	5	4	3
9	11	16	10	18	17	9	15	14	13	12
4	6	11	5	13	12	4	10	9	8	7
0	2	7	1	9	8	0	6	5	4	3
5	7	12	6	14	13	5	11	10	9	8
2	4	9	3	11	10	2	8	7	6	5
6	8	13	7	15	14	6	12	11	10	9
3	5	10	4	12	11	3	9	8	7	6
7	9	14	8	16	15	7	13	12	11	10
1	3	8	2	10	9	1	7	6	5	4
8	10	15	9	17	16	8	14	13	12	11

2.

+	8	4	1	0	7	2	9	3	6	5
9	17	13	10	9	16	11	18	12	15	14
0	8	4	1	0	7	2	9	3	6	5
2	10	6	3	2	9	4	11	5	8	7
5	13	9	6	5	12	7	14	8	11	10
7	15	11	8	7	14	9	16	10	13	12
1	9	5	2	1	8	3	10	4	7	6
4	12	8	5	4	11	6	13	7	10	9
3	11	7	4	3	10	5	12	6	9	8
6	14	10	7	6	13	8	15	9	12	11
8	16	12	9	8	15	10	17	11	14	13

1. (3) 8 + 6 = 14 (4) 13 − 7 = 6

2. (1) 9 + 5 = 14 (2) 6 + 9 = 15 (3) 7 + 8 = 15
(4) 13 + 1 = 14 (5) 8 + 11 = 19 (6) 15 − 8 = 7
(7) 17 − 9 = 8 (8) 13 − 7 = 6 (9) 15 − 6 = 9

1. (1) 18 (2) 27 (3) 37 (4) 59 (5) 35 (6) 49 (7) 95 (8) 69 (9) 79 (10) 14 (11) 67 (12) 48

2. (1) 19 (2) 24 (3) 56 (4) 78 (5) 58 (6) 36 (7) 88 (8) 79 (9) 99 (10) 35 (11) 27 (12) 59

1. (1) 38 (2) 17 (3) 24 (4) 39 (5) 59 (6) 79 (7) 89 (8) 77 (9) 95 (10) 66 (11) 82 (12) 11

2. (1) 16 (2) 39 (3) 28 (4) 56 (5) 38 (6) 37 (7) 99 (8) 77 (9) 88 (10) 99 (11) 28 (12) 77

1. (1) 45 (2) 73 (3) 83 (4) 99 (5) 67 (6) 79 (7) 73 (8) 98 (9) 59 (10) 99 (11) 70 (12) 80

2. (1) 68 (2) 68 (3) 67 (4) 86 (5) 89 (6) 88 (7) 46 (8) 98 (9) 54 (10) 64 (11) 70 (12) 90

1. (1) 47 (2) 94 (3) 77 (4) 78 (5) 79 (6) 49 (7) 88 (8) 87 (9) 89 (10) 77 (11) 75 (12) 90

2. (1) 65 (2) 44 (3) 69 (4) 99 (5) 85 (6) 98 (7) 97 (8) 88 (9) 58 (10) 98 (11) 99 (12) 90

1. (1) 42 (2) 32 (3) 21 (4) 71 (5) 82 (6) 64 (7) 81 (8) 83 (9) 56 (10) 73 (11) 35 (12) 43

2. (1) 24 (2) 37 (3) 56 (4) 55 (5) 64 (6) 93 (7) 70 (8) 38 (9) 60 (10) 33 (11) 51 (12) 50

1. (1) 35 (2) 22 (3) 62 (4) 31 (5) 85 (6) 82 (7) 78 (8) 81 (9) 91 (10) 20 (11) 50 (12) 60

2. (1) 44 (2) 61 (3) 42 (4) 92 (5) 46 (6) 83 (7) 41 (8) 85 (9) 53 (10) 60 (11) 40 (12) 30

1. (1) 103 (2) 103 (3) 102 (4) 102 (5) 102 (6) 104 (7) 102 (8) 101 (9) 107 (10) 100 (11) 100 (12) 100

2. (1) 103 (2) 101 (3) 103 (4) 102 (5) 103 (6) 105 (7) 104 (8) 108 (9) 101 (10) 100 (11) 100 (12) 100

1. (1) 61 (2) 91 (3) 82 (4) 82 (5) 64 (6) 82 (7) 73 (8) 44 (9) 86 (10) 80 (11) 80 (12) 90

2. (1) 64 (2) 91 (3) 45 (4) 93 (5) 81 (6) 72 (7) 88 (8) 72 (9) 96 (10) 70 (11) 80 (12) 70

1. (1) 118 (2) 125 (3) 119 (4) 124 (5) 139 (6) 127 (7) 129 (8) 138 (9) 159 (10) 109 (11) 108 (12) 106

2. (1) 116 (2) 138 (3) 127 (4) 149 (5) 176 (6) 117 (7) 167 (8) 168 (9) 189 (10) 109 (11) 108 (12) 109

1. (1) 103 (2) 103 (3) 107 (4) 104 (5) 106 (6) 105 (7) 101 (8) 108 (9) 101 (10) 100 (11) 100 (12) 100

2. (1) 104 (2) 104 (3) 107 (4) 104 (5) 103 (6) 102 (7) 101 (8) 103 (9) 101 (10) 100 (11) 100 (12) 100

1. (1) 112 (2) 142 (3) 130 (4) 141 (5) 127 (6) 123 (7) 147 (8) 154 (9) 148 (10) 150 (11) 150 (12) 160

2. (1) 116 (2) 173 (3) 132 (4) 141 (5) 125 (6) 187 (7) 111 (8) 135 (9) 114 (10) 120 (11) 140 (12) 110

1. (1) 133 (2) 124 (3) 124 (4) 101 (5) 142 (6) 166 (7) 132 (8) 123 (9) 153 (10) 121 (11) 106 (12) 100

2. (1) 123 (2) 102 (3) 107 (4) 123 (5) 167 (6) 119 (7) 131 (8) 148 (9) 114 (10) 140 (11) 102 (12) 141

24쪽

1. (1) 48 (2) 49 (3) 87
   (4) 78 (5) 83 (6) 41
   (7) 54 (8) 137 (9) 101
   (10) 113 (11) 122 (12) 101
2. (1) 39 (2) 78 (3) 69
   (4) 90 (5) 95 (6) 54
   (7) 83 (8) 134 (9) 104
   (10) 141 (11) 114 (12) 103

25쪽

1. (1) 67 (2) 17 (3) 89
   (4) 66 (5) 47 (6) 85
   (7) 82 (8) 168 (9) 104
   (10) 121 (11) 113 (12) 100
2. (1) 99 (2) 37 (3) 97
   (4) 67 (5) 76 (6) 93
   (7) 88 (8) 145 (9) 106
   (10) 126 (11) 113 (12) 100

26쪽

1. (1) 1 (2) 3 (3) 5 (4) 6
   (5) 3 (6) 1 (7) 2 (8) 6
   (9) 4 (10) 4 (11) 2 (12) 4
   (13) 7 (14) 2 (15) 5 (16) 1
   (17) 1 (18) 3 (19) 3 (20) 3
2. (1) 1 (2) 5 (3) 2 (4) 9
   (5) 6 (6) 4 (7) 7 (8) 5
   (9) 4 (10) 6 (11) 2 (12) 3
   (13) 2 (14) 8 (15) 5 (16) 4
   (17) 1 (18) 6 (19) 1 (20) 1

27쪽

1. (1) 4 (2) 7 (3) 8 (4) 9
   (5) 8 (6) 3 (7) 16 (8) 9
   (9) 9 (10) 7 (11) 5 (12) 6
   (13) 4 (14) 8 (15) 10 (16) 7
   (17) 5 (18) 7 (19) 6 (20) 9
2. (1) 9 (2) 7 (3) 4 (4) 8
   (5) 4 (6) 9 (7) 8 (8) 6
   (9) 9 (10) 8 (11) 13 (12) 2
   (13) 6 (14) 5 (15) 7 (16) 5
   (17) 6 (18) 11 (19) 8

28쪽

1. (1) 5 (2) 3 (3) 5 (4) 6
   (5) 7 (6) 10 (7) 5 (8) 4
   (9) 8 (10) 6 (11) 7 (12) 5
   (13) 3 (14) 10 (15) 7 (16) 3
   (17) 13 (18) 8 (19) 6 (20) 9
2. (1) 4 (2) 1 (3) 5 (4) 4
   (5) 3 (6) 7 (7) 8 (8) 5
   (9) 9 (10) 9 (11) 7 (12) 5
   (13) 7 (14) 9 (15) 4 (16) 8
   (17) 4 (18) 4 (19) 8 (20) 8

29쪽

1. (1)

−	12	4	17	13	10	16	18	19	11	15
7	5	7	10	6	3	9	11	12	4	8
5	7	9	12	8	5	11	13	14	6	10
3	9	11	14	10	7	13	15	16	8	12

(2)

−	11	16	19	14	10	18	13	17	15	12
6	5	10	13	8	4	12	7	11	9	6
1	10	15	18	13	9	17	12	16	14	11
8	3	8	11	6	2	10	5	9	7	4

(3)

−	14	18	16	12	19	17	13	11	10	15
4	10	14	12	8	15	13	9	7	6	11
9	5	9	7	3	10	8	4	2	1	6
2	12	16	14	10	17	15	11	9	8	13

2. (1)

−	13	17	11	19	14	12	18	15	10	16
5	8	12	6	14	9	7	13	10	5	11
2	11	15	9	17	12	10	16	13	8	14
7	6	10	4	12	7	5	11	8	3	9

(2)

−	11	15	17	12	14	19	10	18	16	13
3	8	12	14	9	11	16	7	15	13	10
8	3	7	9	4	6	11	2	10	8	5
6	5	9	11	6	8	13	4	12	10	7

(3)

−	16	13	18	12	19	11	14	10	17	15
4	12	9	14	8	15	7	10	6	13	11
1	15	12	17	11	18	10	13	9	16	14
9	7	4	9	3	10	2	5	1	8	6

30쪽

1. (1)

−	15	17	14	12	16	19	11	10	18	13
8	7	9	6	4	8	11	3	2	10	5
1	14	16	13	11	15	18	10	9	17	12
4	11	13	10	8	12	15	7	6	14	9

(2)

−	13	17	11	14	10	18	16	19	12	15
9	4	8	2	5	1	9	7	10	3	6
3	10	14	8	11	7	15	13	16	9	12
6	7	11	5	8	4	12	10	13	6	9

(3)

−	11	14	10	19	18	16	13	12	17	15
5	6	9	5	14	13	11	8	7	12	10
2	9	12	8	17	16	14	11	10	15	13
7	4	7	3	12	11	9	6	5	10	8

2. (1)

−	19	14	12	15	11	17	18	10	16	13
4	15	10	8	11	7	13	14	6	12	9
9	10	5	3	6	2	8	9	1	7	4
2	17	12	10	13	9	15	16	8	14	11

(2)

−	15	10	14	11	16	18	13	19	12	17
5	10	5	9	6	11	13	8	14	7	12
1	14	9	13	10	15	17	12	18	11	16
7	8	3	7	4	9	11	6	12	5	10

(3)

−	10	16	14	17	15	12	11	18	19	13
6	4	10	8	11	9	6	5	12	13	7
8	2	8	6	9	7	4	3	10	11	5
3	7	13	11	14	12	9	8	15	16	10

31쪽

1. (1)

−	14	11	19	15	18	12	17	13	10	16
4	10	7	15	11	14	8	13	9	6	12
1	13	10	18	14	17	11	16	12	9	15
8	6	3	11	7	10	4	9	5	2	8
6	8	5	13	9	12	6	11	7	4	10
3	11	8	16	12	15	9	14	10	7	13

(2)

−	14	12	16	11	15	17	10	18	19	13
5	9	7	11	6	10	12	5	13	14	8
2	12	10	14	9	13	15	8	16	17	11
9	5	3	7	2	6	8	1	9	10	4
0	14	12	16	11	15	17	10	18	19	13
7	7	5	9	4	8	10	3	11	12	6

2. (1)

−	12	16	19	18	14	11	15	10	17	13
2	10	14	17	16	12	9	13	8	15	11
7	5	9	12	11	7	4	8	3	10	6
0	12	16	19	18	14	11	15	10	17	13
9	3	7	10	9	5	2	6	1	8	4
5	7	11	14	13	9	6	10	5	12	8

(2)

−	14	17	13	18	11	16	19	12	15	10
1	13	16	12	17	10	15	18	11	14	9
4	10	13	9	14	7	12	15	8	11	6
8	6	9	5	10	3	8	11	4	7	2
3	11	14	10	15	8	13	16	9	12	7
6	8	11	7	12	5	10	13	6	9	4

32쪽

1. (1)

−	12	14	18	13	16	19	17	10	15	11
4	8	10	14	9	12	15	13	6	11	7
7	5	7	11	6	9	12	10	3	8	4
2	10	12	16	11	14	17	15	8	13	9
8	4	6	10	5	8	11	9	2	7	3
0	12	14	18	13	16	19	17	10	15	11

(2)

−	15	10	14	16	13	11	17	12	18
3	12	7	11	13	10	8	14	9	15
6	9	4	8	10	7	5	11	6	12
9	6	1	5	7	4	2	8	3	9
5	10	5	9	11	8	6	12	7	13

2. (1)

−	16	18	13	10	17	14	12	11	19	15
3	13	15	10	7	14	11	9	8	16	12
1	15	17	12	9	16	13	11	10	18	14
8	8	10	5	2	9	6	4	3	11	7
4	12	14	9	6	13	10	8	7	15	11
7	9	11	6	3	10	7	5	4	12	8

(2)

−	10	17	14	16	11	19	13	15	12	18
5	5	12	9	11	6	14	8	10	7	13
0	10	17	14	16	11	19	13	15	12	18
9	1	8	5	7	2	10	4	6	3	9
6	4	11	8	10	5	13	7	9	6	12
2	8	15	12	14	9	17	11	13	10	16

33쪽

1.

−	18	11	14	19	15	12	10	17	13	16
7	11	4	7	12	8	5	3	10	6	9
3	15	8	11	16	12	9	7	14	10	13
1	17	10	13	18	14	11	9	16	12	15
4	14	7	10	15	11	8	6	13	9	12
0	18	11	14	19	15	12	10	17	13	16
8	10	3	6	11	7	4	2	9	5	8
5	13	6	9	14	10	7	5	12	8	11
2	16	9	12	17	13	10	8	15	11	14
9	9	2	5	10	6	3	1	8	4	7

2.

−	15	13	18	16	11	14	10	19	17	12
8	7	5	10	8	3	6	2	11	9	4
4	11	9	14	12	7	10	6	15	13	8
3	12	10	15	13	8	11	7	16	14	9
6	9	7	12	10	5	8	4	13	11	6
0	15	13	18	16	11	14	10	19	17	12
2	13	11	16	14	9	12	8	17	15	10
5	10	8	13	11	6	9	5	14	12	7
1	14	12	17	15	10	13	9	18	16	11
7	8	6	11	9	4	7	3	12	10	5
9	6	4	9	7	2	5	1	10	8	3

34쪽

1. (1) 33 (2) 21 (3) 43 (4) 51
(5) 16 (6) 66 (7) 63 (8) 91
(9) 82 (10) 25 (11) 40 (12) 70

2. (1) 15 (2) 41 (3) 84 (4) 93
(5) 51 (6) 82 (7) 61 (8) 23
(9) 11 (10) 81 (11) 50 (12) 60

35쪽

1. (1) 21 (2) 12 (3) 31 (4) 15
(5) 16 (6) 21 (7) 53 (8) 54
(9) 44 (10) 45 (11) 42 (12) 34

2. (1) 12 (2) 13 (3) 11 (4) 45
(5) 63 (6) 57 (7) 33 (8) 36
(9) 43 (10) 15 (11) 19 (12) 24

36쪽

1. (1) 20 (2) 30 (3) 20 (4) 10
(5) 40 (6) 10 (7) 5 (8) 6
(9) 7 (10) 0 (11) 1 (12) 3

2. (1) 40 (2) 10 (3) 20 (4) 40
(5) 40 (6) 10 (7) 1 (8) 5
(9) 3 (10) 8 (11) 3 (12) 4

37쪽

1. (1) 51 (2) 33 (3) 40 (4) 20
(5) 31 (6) 32 (7) 27 (8) 35
(9) 20 (10) 50 (11) 5 (12) 9

2. (1) 51 (2) 55 (3) 20 (4) 20
(5) 21 (6) 15 (7) 49 (8) 44
(9) 30 (10) 30 (11) 3 (12) 7

38쪽

1. (1) 49 (2) 36 (3) 48 (4) 44
(5) 16 (6) 49 (7) 58 (8) 68
(9) 23 (10) 78 (11) 47 (12) 74

2. (1) 29 (2) 37 (3) 82 (4) 65
(5) 69 (6) 16 (7) 28 (8) 55
(9) 33 (10) 47 (11) 89 (12) 17

39쪽

1. (1) 17 (2) 29 (3) 58 (4) 25
(5) 37 (6) 65 (7) 35 (8) 28
(9) 29 (10) 17 (11) 69 (12) 37

2. (1) 79 (2) 59 (3) 36 (4) 46
(5) 35 (6) 22 (7) 44 (8) 49
(9) 25 (10) 59 (11) 57 (12) 17

40쪽

1. (1) 8 (2) 5 (3) 7 (4) 8
(5) 4 (6) 7 (7) 3 (8) 8
(9) 9 (10) 7 (11) 7 (12) 7

2. (1) 4 (2) 8 (3) 3 (4) 3
(5) 7 (6) 6 (7) 3 (8) 8
(9) 9 (10) 2 (11) 6 (12) 7

41쪽

1. (1) 147 (2) 118 (3) 109
(4) 107 (5) 136 (6) 118
(7) 128 (8) 126

2. (1) 129 (2) 145 (3) 107
(4) 105 (5) 118 (6) 146
(7) 119 (8) 167

42쪽

1. (1) 74 (2) 83 (3) 83 (4) 77
(5) 57 (6) 54 (7) 64 (8) 86

2. (1) 94 (2) 82 (3) 54 (4) 55
(5) 45 (6) 83 (7) 31 (8) 91

43쪽

1. (1) 54 (2) 29 (3) 57 (4) 36
(5) 53 (6) 59 (7) 37 (8) 82

2. (1) 84 (2) 78 (3) 56 (4) 69
(5) 49 (6) 75 (7) 46 (8) 75

44쪽

1. (1) 77 (2) 29 (3) 69 (4) 17
(5) 45 (6) 76 (7) 42 (8) 9

2. (1) 69 (2) 34 (3) 59 (4) 48
(5) 47 (6) 64 (7) 4 (8) 27

45쪽

1. (1) 55 (2) 78 (3) 66 (4) 67
(5) 38 (6) 15 (7) 97 (8) 92

2. (1) 74 (2) 45 (3) 73 (4) 66
(5) 36 (6) 54 (7) 93 (8) 96

46쪽

1. (1) 55 (2) 73 (3) 20 (4) 64
(5) 38 (6) 3 (7) 86 (8) 65
(9) 75 (10) 99

2. (1) 68 (2) 34 (3) 20 (4) 46
(5) 34 (6) 7 (7) 53 (8) 63
(9) 83 (10) 93

47쪽

1. (1) 84 (2) 27 (3) 11 (4) 24
(5) 38 (6) 17 (7) 52 (8) 77
(9) 15 (10) 93

2. (1) 20 (2) 72 (3) 63 (4) 26
(5) 37 (6) 8 (7) 85 (8) 27
(9) 68 (10) 96

1. (1) 10　(2) 100　(3) 1000
(4) 10000　(5) 2347　(6) 3069
(7) 4705

2. (1) 20 - 30 - 40 - 50 - 60 - 70
(2) 230 - 240 - 250 - 260 - 270 - 280
(3) 1100 - 1200 - 1300 - 1400 - 1500 - 1600
(4) 2400 - 3400 - 4400 - 5400 - 6400 - 7400
(5) 100 - 200 - 300 - 400 - 500 600 - 700 - 800 - 900 - 1000
(6) 1000 - 2000 - 3000 - 4000 - 5000 - 6000 - 7000 - 8000 9000 - 10000

1. (1) 215　(2) 269　(3) 349
(4) 547　(5) 149　(6) 428
(7) 358　(8) 139

2. (1) 627　(2) 237　(3) 257
(4) 355　(5) 298　(6) 234
(7) 718　(8) 578

1. (1) 263　(2) 357　(3) 575
(4) 889　(5) 778　(6) 586
(7) 489　(8) 387

2. (1) 788　(2) 387　(3) 998
(4) 189　(5) 289　(6) 267
(7) 230　(8) 750

1. (1) 322　(2) 211　(3) 532
(4) 453　(5) 250　(6) 230
(7) 320　(8) 470

2. (1) 213　(2) 243　(3) 651
(4) 574　(5) 331　(6) 655
(7) 262　(8) 533

1. (1) 213　(2) 121　(3) 212
(4) 422　(5) 313　(6) 763
(7) 501　(8) 201

2. (1) 100　(2) 300　(3) 700
(4) 200　(5) 500　(6) 700
(7) 500　(8) 100

1. (1) 30　(2) 36　(3) 42　(4) 44
(5) 50　(6) 63　(7) 48　(8) 75
(9) 108　(10) 73

2. (1) 31　(2) 17　(3) 28　(4) 36
(5) 34　(6) 18　(7) 29　(8) 21
(9) 27　(10) 41

1. (1) 33　(2) 22　(3) 32　(4) 34
(5) 13　(6) 18　(7) 24　(8) 4
(9) 47　(10) 32

2. (1) 1　(2) 6　(3) 10　(4) 6
(5) 3　(6) 7　(7) 7　(8) 22
(9) 8　(10) 4

1. (1) 21　(2) 26　(3) 27　(4) 30
(5) 27　(6) 24　(7) 19　(8) 9

(9) 16　(10) 20

2. (1) 19　(2) 14　(3) 8　(4) 5
(5) 17　(6) 2　(7) 10　(8) 6
(9) 9　(10) 8

1. (1) 24　(2) 24　(3) 31　(4) 29
(5) 31　(6) 20　(7) 27　(8) 33
(9) 38　(10) 27

2. (1) 9　(2) 11　(3) 9　(4) 2
(5) 6　(6) 14　(7) 19　(8) 23
(9) 9　(10) 6

1. (1) $3+3+3+3 = 12$ ➜ $3 \times 4 = 12$
(2) $5+5+5 = 15$ ➜ $5 \times 3 = 15$
(3) $4+4+4+4 = 16$ ➜ $4 \times 4 = 16$
(4) $6+6+6+6+6 = 30$ ➜ $6 \times 5 = 30$
(5) ➜ $2 \times 8 = 16$
(6) ➜ $4 \times 6 = 24$

2. (1) $2+2+2 = 6$ ➜ $2 \times 3 = 6$
(2) $3+3+3+3 = 12$ ➜ $3 \times 4 = 12$
(3) $4+4+4 = 12$ ➜ $4 \times 3 = 12$
(4) $5+5+5+5 = 20$ ➜ $5 \times 4 = 20$
(5) $6+6+6+6 = 24$ ➜ $6 \times 4 = 24$
(6) $7+7+7+7 = 28$ ➜ $7 \times 4 = 28$
(7) $3+3+3 = 9$ ➜ $3 \times 3 = 9$
(8) $7+7+7+7+7 = 35$ ➜ $7 \times 5 = 35$
(9) $8+8+8+8+8 = 40$ ➜ $8 \times 5 = 40$
(10) $9+9+9+9+9+9+9 = 63$ ➜ $9 \times 7 = 63$

2. (1) 2　(2) 6　(3) 10　(4) 4
(5) 8　(6) 14　(7) 18　(8) 16
(9) 12　(10) 0

3. (1) 3　(2) 9　(3) 4　(4) 0
(5) 7　(6) 1　(7) 2　(8) 5
(9) 6　(10) 8

2. (1) 35　(2) 20　(3) 25　(4) 30
(5) 5　(6) 40　(7) 45　(8) 10
(9) 15　(10) 0

3. (1) 7　(2) 6　(3) 0　(4) 8
(5) 1　(6) 4　(7) 2　(8) 5
(9) 9　(10) 3

2. (1) 15　(2) 9　(3) 24　(4) 3
(5) 6　(6) 9　(7) 21　(8) 12
(9) 27　(10) 18

3. (1) 9　(2) 3　(3) 6　(4) 1
(5) 7　(6) 2　(7) 0　(8) 4
(9) 8　(10) 5

2. (1) 28　(2) 20　(3) 16　(4) 0
(5) 4　(6) 24　(7) 36　(8) 8
(9) 32　(10) 12

3. (1) 7　(2) 8　(3) 5　(4) 3
(5) 0　(6) 6　(7) 4　(8) 2
(9) 9　(10) 1

2. (1) 42　(2) 30　(3) 24　(4) 18
(5) 54　(6) 6　(7) 12　(8) 48
(9) 36　(10) 0

3. (1) 9 (2) 8 (3) 2 (4) 6
(5) 1 (6) 0 (7) 5 (8) 3
(9) 4 (10) 7

63쪽
2. (1) 28 (2) 21 (3) 14 (4) 49
(5) 56 (6) 35 (7) 7 (8) 0
(9) 63 (10) 42
3. (1) 1 (2) 3 (3) 9 (4) 5
(5) 7 (6) 4 (7) 6 (8) 8
(9) 0 (10) 2

64쪽
2. (1) 0 (2) 32 (3) 48 (4) 16
(5) 24 (6) 72 (7) 64 (8) 8
(9) 56 (10) 40
3. (1) 7 (2) 9 (3) 3 (4) 4
(5) 6 (6) 1 (7) 5 (8) 2
(9) 0 (10) 8

65쪽
2. (1) 45 (2) 54 (3) 36 (4) 18
(5) 81 (6) 0 (7) 9 (8) 72
(9) 63 (10) 27
3. (1) 2 (2) 6 (3) 3 (4) 8
(5) 0 (6) 9 (7) 1 (8) 4
(9) 7 (10) 5

66쪽
2. (1) 8 (2) 6 (3) 4 (4) 0
(5) 2 (6) 7 (7) 9 (8) 1
(9) 5 (10) 3
3. (1) 0 (2) 0 (3) 0 (4) 0
(5) 0 (6) 0 (7) 0 (8) 0
(9) 0 (10) 0

67쪽
1. (1) 16 (2) 6 (3) 6 (4) 5
(5) 8 (6) 2 (7) 12 (8) 24
(9) 0 (10) 14 (11) 7 (12) 27
(13) 0 (14) 0 (15) 10 (16) 9
(17) 18 (18) 9 (19) 0 (20) 0
2. (1) 3 (2) 8 (3) 0 (4) 18
(5) 21 (6) 0 (7) 0 (8) 6
(9) 3 (10) 0 (11) 4 (12) 0
(13) 12 (14) 0 (15) 14 (16) 15
(17) 2 (18) 4 (19) 0 (20) 0

68쪽
1. (1) 9 (2) 20 (3) 16 (4) 5
(5) 18 (6) 12 (7) 30 (8) 0
(9) 15 (10) 6 (11) 3 (12) 24
(13) 12 (14) 21 (15) 36 (16) 10
(17) 14 (18) 12 (19) 15 (20) 0
2. (1) 4 (2) 4 (3) 0 (4) 27
(5) 6 (6) 32 (7) 35 (8) 2
(9) 25 (10) 10 (11) 16 (12) 40
(13) 8 (14) 18 (15) 0 (16) 24
(17) 8 (18) 20 (19) 45 (20) 28

69쪽
1. (1) 18 (2) 32 (3) 15 (4) 6
(5) 0 (6) 9 (7) 30 (8) 18
(9) 16 (10) 12 (11) 15 (12) 42
(13) 5 (14) 20 (15) 0 (16) 40
(17) 36 (18) 25 (19) 36 (20) 4
2. (1) 12 (2) 35 (3) 8 (4) 30
(5) 24 (6) 6 (7) 24 (8) 0
(9) 48 (10) 20 (11) 21 (12) 24
(13) 0 (14) 27 (15) 3 (16) 10
(17) 54 (18) 28 (19) 12 (20) 45

70쪽
1. (1) 10 (2) 18 (3) 14 (4) 32
(5) 12 (6) 30 (7) 42 (8) 28
(9) 35 (10) 30 (11) 0 (12) 40
(13) 16 (14) 15 (15) 36 (16) 28
(17) 36 (18) 48 (19) 25 (20) 6
2. (1) 0 (2) 7 (3) 5 (4) 8
(5) 24 (6) 20 (7) 21 (8) 4
(9) 0 (10) 56 (11) 63 (12) 54
(13) 12 (14) 42 (15) 20 (16) 49
(17) 45 (18) 35 (19) 0 (20) 24

71쪽
1. (1) 18 (2) 24 (3) 30 (4) 12
(5) 36 (6) 42 (7) 21 (8) 24
(9) 32 (10) 15 (11) 45 (12) 30
(13) 36 (14) 25 (15) 56 (16) 32
(17) 0 (18) 40 (19) 12 (20) 42
2. (1) 48 (2) 24 (3) 63 (4) 28
(5) 10 (6) 72 (7) 28 (8) 16
(9) 64 (10) 7 (11) 56 (12) 16
(13) 35 (14) 40 (15) 48 (16) 54
(17) 35 (18) 20 (19) 20 (20) 49

72쪽
1. (1) 16 (2) 54 (3) 21 (4) 24
(5) 24 (6) 63 (7) 45 (8) 42
(9) 48 (10) 7 (11) 14 (12) 32
(13) 9 (14) 27 (15) 18 (16) 28
(17) 49 (18) 30 (19) 36 (20) 56
2. (1) 12 (2) 0 (3) 40 (4) 36
(5) 8 (6) 0 (7) 48 (8) 63
(9) 81 (10) 6 (11) 72 (12) 0
(13) 42 (14) 64 (15) 18 (16) 0
(17) 54 (18) 56 (19) 35 (20) 72

73쪽
1. (1) 24 (2) 45 (3) 30 (4) 0
(5) 21 (6) 14 (7) 40 (8) 49
(9) 36 (10) 63 (11) 36 (12) 72
(13) 0 (14) 28 (15) 12 (16) 48
(17) 56 (18) 9 (19) 32 (20) 56
2. (1) 18 (2) 0 (3) 7 (4) 54
(5) 16 (6) 42 (7) 81 (8) 0
(9) 48 (10) 72 (11) 42 (12) 18
(13) 6 (14) 63 (15) 54 (16) 27
(17) 35 (18) 24 (19) 8 (20) 64

74쪽
1. (1) 14 (2) 32 (3) 24 (4) 35
(5) 20 (6) 18 (7) 42 (8) 28
(9) 36 (10) 10 (11) 18 (12) 14
(13) 10 (14) 45 (15) 12 (16) 24
(17) 63 (18) 6 (19) 25 (20) 24
2. (1) 30 (2) 48 (3) 63 (4) 49
(5) 16 (6) 18 (7) 27 (8) 54
(9) 48 (10) 30 (11) 28 (12) 42
(13) 56 (14) 35 (15) 72 (16) 21
(17) 56 (18) 40 (19) 20 (20) 72

75쪽
1. (1) 20 (2) 27 (3) 40 (4) 12
(5) 49 (6) 9 (7) 24 (8) 16
(9) 45 (10) 32 (11) 14 (12) 36
(13) 35 (14) 21 (15) 54 (16) 48
(17) 64 (18) 63 (19) 81 (20) 24
2. (1) 6 (2) 28 (3) 16 (4) 18
(5) 15 (6) 36 (7) 63 (8) 42
(9) 45 (10) 56 (11) 25 (12) 48
(13) 30 (14) 72 (15) 56 (16) 12
(17) 21 (18) 24 (19) 24 (20) 42

95

76쪽

1.
(1) 28	(2) 54	(3) 27	(4) 21
(5) 48	(6) 56	(7) 45	(8) 36
(9) 48	(10) 42	(11) 25	(12) 21
(13) 12	(14) 16	(15) 15	(16) 10
(17) 8	(18) 27	(19) 12	(20) 72

2.
(1) 63	(2) 9	(3) 6	(4) 24
(5) 36	(6) 35	(7) 45	(8) 49
(9) 42	(10) 72	(11) 64	(12) 14
(13) 56	(14) 54	(15) 81	(16) 10
(17) 32	(18) 20	(19) 16	(20) 63

77쪽

1.
(1) 7	(2) 28	(3) 35	(4) 10
(5) 30	(6) 72	(7) 42	(8) 18
(9) 48	(10) 32	(11) 9	(12) 42
(13) 0	(14) 14	(15) 6	(16) 0
(17) 20	(18) 9	(19) 45	(20) 36
(21) 63	(22) 5	(23) 0	(24) 24
(25) 9	(26) 45		

2.
(1) 10	(2) 21	(3) 24	(4) 8
(5) 30	(6) 18	(7) 54	(8) 56
(9) 16	(10) 63	(11) 5	(12) 14
(13) 8	(14) 0	(15) 12	(16) 25
(17) 27	(18) 18	(19) 56	(20) 35
(21) 64	(22) 36	(23) 81	(24) 16
(25) 28	(26) 48		

78쪽

1.
(1) 40	(2) 0	(3) 16	(4) 8
(5) 18	(6) 0	(7) 8	(8) 63
(9) 42	(10) 42	(11) 32	(12) 21
(13) 0	(14) 16	(15) 6	(16) 28
(17) 54	(18) 16	(19) 45	(20) 9
(21) 56	(22) 30	(23) 18	(24) 24
(25) 5	(26) 35		

2.
(1) 32	(2) 0	(3) 12	(4) 9
(5) 28	(6) 10	(7) 18	(8) 27
(9) 72	(10) 35	(11) 24	(12) 48
(13) 15	(14) 49	(15) 3	(16) 48
(17) 14	(18) 54	(19) 56	(20) 0
(21) 72	(22) 7	(23) 81	(24) 45
(25) 24	(26) 64		

79쪽

1.
(1) 32	(2) 42	(3) 30	(4) 56
(5) 24	(6) 10	(7) 49	(8) 18
(9) 72	(10) 8	(11) 2	(12) 40
(13) 0	(14) 36	(15) 36	(16) 28
(17) 35	(18) 45	(19) 0	(20) 32
(21) 8	(22) 15	(23) 18	(24) 28
(25) 20	(26) 54		

2.
(1) 25	(2) 72	(3) 0	(4) 5
(5) 6	(6) 0	(7) 21	(8) 14
(9) 16	(10) 12	(11) 10	(12) 45
(13) 63	(14) 54	(15) 14	(16) 42
(17) 48	(18) 16	(19) 64	(20) 27
(21) 35	(22) 20	(23) 24	(24) 48
(25) 12	(26) 63		

80쪽

1.
(1) 32	(2) 1	(3) 25	(4) 18
(5) 42	(6) 54	(7) 28	(8) 30
(9) 40	(10) 36	(11) 24	(12) 63
(13) 14	(14) 8	(15) 0	(16) 20
(17) 16	(18) 56	(19) 7	(20) 15
(21) 64	(22) 28	(23) 9	(24) 56
(25) 0	(26) 36		

2.
(1) 24	(2) 12	(3) 8	(4) 14
(5) 6	(6) 0	(7) 30	(8) 24
(9) 16	(10) 54	(11) 0	(12) 27
(13) 27	(14) 24	(15) 18	(16) 35
(17) 21	(18) 49	(19) 72	(20) 18
(21) 42	(22) 48	(23) 45	(24) 63
(25) 48	(26) 40		

81쪽

1.
(1) 28	(2) 14	(3) 40	(4) 24
(5) 54	(6) 42	(7) 10	(8) 15
(9) 63	(10) 48	(11) 12	(12) 36
(13) 49	(14) 0	(15) 72	(16) 24
(17) 42	(18) 0	(19) 63	(20) 28
(21) 15	(22) 48	(23) 18	(24) 14
(25) 4	(26) 36		

2.

×	0	1	2	3	4	5	6	7	8	9
0	0	0	0	0	0	0	0	0	0	0
1	0	1	2	3	4	5	6	7	8	9
2	0	2	4	6	8	10	12	14	16	18
3	0	3	6	9	12	15	18	21	24	27
4	0	4	8	12	16	20	24	28	32	36
5	0	5	10	15	20	25	30	35	40	45
6	0	6	12	18	24	30	36	42	48	54
7	0	7	14	21	28	35	42	49	56	63
8	0	8	16	24	32	40	48	56	64	72
9	0	9	18	27	36	45	54	63	72	81

82쪽

1. (1)

×	4	0	6	3	8	9	5	1	7	2
2	8	0	12	6	16	18	10	2	14	4
8	32	0	48	24	64	72	40	8	56	16

(2)

×	3	9	1	5	0	4	8	2	7	6
3	9	27	3	15	0	12	24	6	21	18
7	21	63	7	35	0	28	56	14	49	42

(3)

×	2	6	3	9	1	7	0	8	4	5
4	8	24	12	36	4	28	0	32	16	20
9	18	54	27	81	9	63	0	72	36	45

2. (1)

×	9	1	4	8	0	6	5	2	7	3
7	63	7	28	56	0	42	35	14	49	21
5	45	5	20	40	0	30	25	10	35	15

(2)

×	8	6	3	2	9	5	1	0	7	4
8	64	48	24	16	72	40	8	0	56	32
4	32	24	12	8	36	20	4	0	28	16

(3)

×	5	8	6	0	7	1	4	9	3	2
6	30	48	36	0	42	6	24	54	18	12
9	45	72	54	0	63	9	36	81	27	18

83쪽

1. (1)

×	8	4	5	2	6	1	7	9	0	3
5	40	20	25	10	30	5	35	45	0	15
9	72	36	45	18	54	9	63	81	0	27

(2)

×	1	8	6	4	9	0	7	5	2	3
4	4	32	24	16	36	0	28	20	8	12
8	8	64	48	32	72	0	56	40	16	24

(3)

×	5	3	6	1	8	2	9	4	0	7
3	15	9	18	3	24	6	27	12	0	21
6	30	18	36	6	48	12	54	24	0	42

2. (1)

×	8	3	4	2	9	1	7	0	6	5
7	56	21	28	14	63	7	49	0	42	35
2	16	6	8	4	18	2	14	0	12	10

(2)

×	6	3	2	5	4	0	9	1	7	8
3	18	9	6	15	12	0	27	3	21	24
9	54	27	18	45	36	0	81	9	63	72

(3)

×	0	7	5	8	1	4	2	9	3	6
5	0	35	25	40	5	20	10	45	15	30
8	0	56	40	64	8	32	16	72	24	48

84쪽

1. (1)

×	8	4	1	7	5	2	6	9	0	3
8	64	32	8	56	40	16	48	72	0	24
1	8	4	1	7	5	2	6	9	0	3
4	32	16	4	28	20	8	24	36	0	12

(2)

×	3	7	4	2	8	6	9	1	0	5
6	18	42	24	12	48	36	54	6	0	30
3	9	21	12	6	24	18	27	3	0	15
9	27	63	36	18	72	54	81	9	0	45

(3)

×	5	1	6	2	4	3	8	7	9	0
5	25	5	30	10	20	15	40	35	45	0
2	10	2	12	4	8	6	16	14	18	0
7	35	7	42	14	28	21	56	49	63	0

2. (1)

×	6	5	8	2	4	7	1	9	0	3
8	48	40	64	16	32	56	8	72	0	24
5	30	25	40	10	20	35	5	45	0	15
2	12	10	16	4	8	14	2	18	0	6

(2)

×	6	2	9	5	1	8	0	4	7	3
4	24	8	36	20	4	32	0	16	28	12
7	42	14	63	35	7	56	0	28	49	21
1	6	2	9	5	1	8	0	4	7	3

(3)

×	2	6	0	8	4	7	1	9	3	5
9	18	54	0	72	36	63	9	81	27	45
3	6	18	0	24	12	21	3	27	9	15
6	12	36	0	48	24	42	6	54	18	30

85쪽

1. (1)

×	6	8	4	5	1	0	9	3	7	2
5	30	40	20	25	5	0	45	15	35	10
2	12	16	8	10	2	0	18	6	14	4
7	42	56	28	35	7	0	63	21	49	14

(2)

×	7	3	6	8	1	0	4	9	5	2
4	28	12	24	32	4	0	16	36	20	8
9	63	27	54	72	9	0	36	81	45	18
1	7	3	6	8	1	0	4	9	5	2

(3)

×	2	7	5	0	8	4	1	9	3	6
6	12	42	30	0	48	24	6	54	18	36
8	16	56	40	0	64	32	8	72	24	48
3	6	21	15	0	24	12	3	27	9	18

2. (1)

×	8	5	4	6	1	0	9	3	2	7
5	40	25	20	30	5	0	45	15	10	35
8	64	40	32	48	8	0	72	24	16	56
2	16	10	8	12	2	0	18	6	4	14

(2)

×	6	4	0	9	3	7	1	5	2	8
6	36	24	0	54	18	42	6	30	12	48
3	18	12	0	27	9	21	3	15	6	24
9	54	36	0	81	27	63	9	45	18	72

(3)

×	0	8	4	7	2	9	1	6	3	5
7	0	56	28	49	14	63	7	42	21	35
1	0	8	4	7	2	9	1	6	3	5
4	0	32	16	28	8	36	4	24	12	20

86쪽

1. (1)

×	4	8	3	9	7	5	0	6	2	1
2	8	16	6	18	14	10	0	12	4	2
1	4	8	3	9	7	5	0	6	2	1
5	20	40	15	45	35	25	0	30	10	5
9	36	72	27	81	63	45	0	54	18	9
7	28	56	21	63	49	35	0	42	14	7

(2)

×	6	5	2	8	1	4	7	0	9	3
6	36	30	12	48	6	24	42	0	54	18
3	18	15	6	24	3	12	21	0	27	9
8	48	40	16	64	8	32	56	0	72	24
0	0	0	0	0	0	0	0	0	0	0
4	24	20	8	32	4	16	28	0	36	12

2. (1)

×	5	8	2	1	6	4	7	0	9	3
5	25	40	10	5	30	20	35	0	45	15
0	0	0	0	0	0	0	0	0	0	0
7	35	56	14	7	42	28	49	0	63	21
9	45	72	18	9	54	36	63	0	81	27
2	10	16	4	2	12	8	14	0	18	6

(2)

×	6	2	9	1	7	0	5	3	4	8
3	18	6	27	3	21	0	15	9	12	24
6	36	12	54	6	42	0	30	18	24	48
1	6	2	9	1	7	0	5	3	4	8
8	48	16	72	8	56	0	40	24	32	64
4	24	8	36	4	28	0	20	12	16	32

87쪽

1. (1)

×	1	7	4	0	8	6	3	9	2	5
3	3	21	12	0	24	18	9	27	6	15
1	1	7	4	0	8	6	3	9	2	5
7	7	49	28	0	56	42	21	63	14	35
9	9	63	36	0	72	54	27	81	18	45
5	5	35	20	0	40	30	15	45	10	25

(2)

×	6	4	7	1	0	5	3	8	2	9
6	36	24	42	6	0	30	18	48	12	54
0	0	0	0	0	0	0	0	0	0	0
4	24	16	28	4	0	20	12	32	8	36
8	48	32	56	8	0	40	24	64	16	72
2	12	8	14	2	0	10	6	16	4	18

2. (1)

×	3	5	7	0	4	9	6	1	8	2
7	21	35	49	0	28	63	42	7	56	14
0	0	0	0	0	0	0	0	0	0	0
6	18	30	42	0	24	54	36	6	48	12
9	27	45	63	0	36	81	54	9	72	18
3	9	15	21	0	12	27	18	3	24	6

(2)

×	4	9	0	5	7	2	6	1	8	3
2	8	18	0	10	14	4	12	2	16	6
5	20	45	0	25	35	10	30	5	40	15
8	32	72	0	40	56	16	48	8	64	24
1	4	9	0	5	7	2	6	1	8	3
4	16	36	0	20	28	8	24	4	32	12

88쪽

1.

×	8	6	1	7	0	4	9	3	2	5
5	40	30	5	35	0	20	45	15	10	25
2	16	12	2	14	0	8	18	6	4	10
7	56	42	7	49	0	28	63	21	14	35
0	0	0	0	0	0	0	0	0	0	0
4	32	24	4	28	0	16	36	12	8	20
9	72	54	9	63	0	36	81	27	18	45
1	8	6	1	7	0	4	9	3	2	5
6	48	36	6	42	0	24	54	18	12	30
3	24	18	3	21	0	12	27	9	6	15
8	64	48	8	56	0	32	72	24	16	40

2.

×	3	1	7	0	4	8	6	2	9	5
7	21	7	49	0	28	56	42	14	63	35
3	9	3	21	0	12	24	18	6	27	15
8	24	8	56	0	32	64	48	16	72	40
6	18	6	42	0	24	48	36	12	54	30
0	0	0	0	0	0	0	0	0	0	0
2	6	2	14	0	8	16	12	4	18	10
5	15	5	35	0	20	40	30	10	45	25
9	27	9	63	0	36	72	54	18	81	45
1	3	1	7	0	4	8	6	2	9	5
4	12	4	28	0	16	32	24	8	36	20